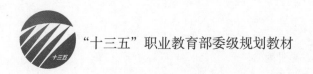

"十三五"职业教育部委级规划教材

服装专题设计

刘周海　编著

中国纺织出版社有限公司

内 容 提 要

本书系"十三五"职业教育部委级规划教材，是针对当前我国高职院校服装专业教学与教材提出的改革与探索。主要分两个模块：模块一主要突出服装专题设计思维训练，模块二主要强化服装专题设计实践。两个模块共下设八个项目，包括项目相关理论知识、项目任务及能力要求、项目实践指导、项目实践考核评价等，既强调理论学习，又突出项目实践，注重推行产学合作、工学结合的学习与实施途径。

本书可作为服装专业高等职业院校的教学用书，也适合广大服装设计人员和服装设计爱好者阅读参考。

图书在版编目（CIP）数据

服装专题设计 / 刘周海编著. -- 北京：中国纺织
出版社有限公司，2020.9（2024.5 重印）
"十三五"职业教育部委级规划教材
ISBN 978-7-5180-7472-3

Ⅰ．①服… Ⅱ．①刘… Ⅲ．①服装设计 – 高等职业教
育 – 教材 Ⅳ．① TS941.2

中国版本图书馆 CIP 数据核字（2020）第 092725 号

责任编辑：郭 沫 责任校对：王蕙莹 责任印制：王艳丽

中国纺织出版社有限公司出版发行
地址：北京市朝阳区百子湾东里 A407 号楼 邮政编码：100124
销售电话：010—67004422 传真：010—87155801
http://www.c-textilep.com
E-mail：faxing@c-textilep.com
官方微博 http://weibo.com/2119887771
北京通天印刷有限责任公司印刷 各地新华书店经销
2020 年 9 月第 1 版 2024 年 5 月第 6 次印刷
开本：787 × 1092 1/16 印张：10.5
字数：180 千字 定价：59.80 元

前言

　　服装专题设计能力是服装设计师成长过程中必须掌握的专业能力，也是设计师从事商业设计不可或缺的职业素养，因而，服装专题设计被众多服装院校列为专业核心主干课程，可见其对服装设计师能力与职业素养培养的重要性。

　　如何培养学生的服装专题设计能力一直是作者多年不断教学探索实践的问题，也是开展服装与服饰设计专业课程教学改革不断积累经验的过程。从高职服装与服饰设计专业人才培养目标定位、专业人才培养方案制订、课程设置、课程教学标准制订、课程教学实践等，作者均有幸参与其中，尤其通过参与"全国职业院校纺织服装类专业目录调整调研论证""全国高等职业学校服装与服饰设计专业教学标准"以及牵头研制广东省"服装与服饰设计专业中高职3+2衔接教育一体化教学标准"等一系列项目研制，作者对服装专题设计课程及课程教学有了更深刻的理解，因而萌生组织开发全国职业院校教学标准相配套的系列服装与服饰设计专业教材的想法。

　　《服装专题设计》一书是作者针对当前我国高职院校服装类专业教材与专业教学标准不匹配，教材内容与课程标准不兼容，教材与教学理论实践相分离等突出问题所开展的教学与教材改革探索成果的总结。本教材主要分两个模块、八个项目：模块一主要突出服装专题设计思维训练，设置了服装色彩创意设计、服装款式造型创意设计、服装材料与图案创意设计、服装设计风格四个教学训练项目内容；模块二主要强化服装专题设计项目实践，设置了女装专题设计、男装专题设计、童装专题设计、服装大赛专题设计四个教学训练项目内容。每个项目按照相关理论知识、任务及能力要求、项目实践指导、项目实践考核评价等基本框架，既强调理论学习，又突出项目实践（做中学），同时还体现情境教学需要，将教师和学生进行角色转换，教师转换为设计管理者（设计总监），学生转换为设计师（设计助理），以贴近企业真实职业岗位工作情境来开展教学，注重推行产学合作、工学结合的学习与实施途径，这也是本教材有别于其他教材设计理念与教学方法的地方。

　　本教材的出版首先感谢中山职业技术学院的大力支持，同时也要感谢中国纺织出版社有限公司领导和编辑的辛勤付出。另外，本教材采用大量的案例图片，由上海POP服装趋势网、深圳蝶讯网、深圳看潮网等国内专业时尚网站企业提供主要支持，这些专业性案例图片让教材更贴近企业要求，对学生设计能力培养极为重要，在此，特别感谢以上时尚网站企业的大力支持。另外，本书封面图片以及部分案例图片由广州MF（秘方）服装设计工作室总监彭树楠先生和作者学生刘莉杉、黄晓敏等提供。书中采用了一些大赛作品图片，主要引自相关赛事网站，在此，对以上提供图片案例支持的学生及图片作品作者和大赛举办机构等表示衷心感谢。

　　本教材出版后，作者根据学生与教师们的反馈意见，增添了融媒体课程教学内容。若将来再版，还将融入课程思政、AI设计等教学内容，确保教材内容与产业发展同步，能密切对接行业企业。

　　本教材项目一、项目八等章节内容由中国十佳服装制板师中山市沙溪理工学校袁超老师编写。中山职业技术学院雷丽芬老师参与本书部分图片处理与校稿等工作。

　　由于编写水平有限，错漏之处在所难免，恳切希望使用本教材的广大师生、业界同仁提出宝贵意见。

编著者

2020年6月

目录

模块一　服装专题设计思维训练

项目一　服装色彩创意设计

学习目标：

1. 掌握色彩基本理论知识。
2. 学会服装色彩素材收集。
3. 学会服装色彩规律分析。
4. 能够根据不同服装定位选择与搭配色彩。
5. 能够用色彩表现不同的服装主题意境。

学习任务：

1. 色彩理论知识。
2. 服装色彩素材收集与分析。
3. 服装色彩搭配。
4. 服装主题色彩设计表现。

任务分析：

1. 要求掌握色彩的原理属性、色彩规律、色彩情感要素、服装色彩的搭配技巧、服装主题色彩表现等理论。
2. 要求掌握服装色彩素材收集的方法与渠道、服装色彩分析工具的使用、分析的主要内容与形式。
3. 要求能够根据拟订的主题，展开色彩联想，提炼主题色调与主要色彩，并能够收集整理与其色彩组合匹配的服装。
4. 要求能够根据主题联想色彩或借助设计软件工具确定主题色调与色彩组合，并能够利用色调与色彩组合进行服装主题色彩的意境表现。

计划学时： 4学时

项目一　服装色彩创意设计

一、色彩基本知识

（一）色彩原理属性

1. 色彩原理

色彩是可见光作用产生的视觉现象，是以色光为主体的客观存在，对于人则是一种视象感觉，是光、物体对光的反射、人的视觉器官——眼睛，这三方面因素作用所产生的视觉现象，是不同波长的光刺激人的眼睛所产生的视觉反映，如图1-1所示。

2. 色彩类型与属性

色彩的产生离不开光，有光才有色，光产生于光源，光源分自然光和人造光。

（1）色光（光色）：指光的颜色，不同波长的光产生不同的颜色，太阳光由红、橙、黄、绿、青、蓝、紫七色组成，其中，红色、绿色和蓝色为色光的三原色，通过原色光双双混合，可以混合出黄、青、紫红三种间色光，如图1-2所示。

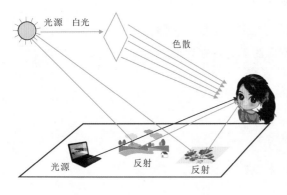

图1-1　色彩原理　　　　　　　　　　　　　　　图1-2　色光折射

（2）物色：指物体通过光照反射于人的眼睛产生的色彩感觉，以颜料载体物色的三原色为青（Cyan）、品红（Magenta）和黄（Yellow），通过颜料三原色双双混合，可以混合橙、绿、紫三种间色，如图1-3所示。

（3）原色：指色彩中不能再分解的基本色。光色原色有红（Red）、绿（Green）、蓝（Blue）三种，如图1-4所示。

（4）间色：由两个原色混合而得到间色。

（5）复色：指颜料的两个间色或一种原色和其对应的间色（红与青、黄与蓝、绿与洋红）相混合得到复色，亦称第三次色。

（6）有彩色系：指可见光谱中的全部色彩，包括红、橙、黄、绿、青、蓝、紫等基本色（标准色）以及基本色之间混合、基本色与无彩色之间混合等产生的系列色彩。

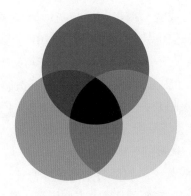

图1-3　物色三原色

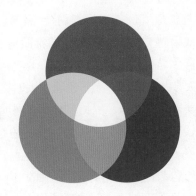

图1-4　光色三原色

（7）无彩色系：指由黑、白及黑白两色相融而成的各种深浅不同的灰色系列。

（8）色相：指色彩的相貌、名称，如红、大红、翠绿、湖蓝、群青等。色相是区分色彩的主要依据，是色彩的最大特征。

（9）明度：指色彩的明亮程度，即色彩的深浅度。色彩的明度包括两个方面：一是指同一色相的深浅变化，如粉红、大红、深红，都是红，但一种比一种深；二是指不同色相间存在的明度差别，如标准色中黄最浅，紫最深，橙和绿、红和蓝处于相近的明度之间。

（10）纯度：指色彩的纯净程度，色彩含标准色成分的多少，所含有色成分的比例，有色彩成分的比例愈大，则色彩的纯度愈高，含有色成分的比例愈小，则色彩的纯度也愈低。不同色相其纯度不相同，如红色纯度最高，绿色纯度相对低些，其余色相居中，同时明度也不相同。

3. 色彩对比

色相对比是指两种以上色彩组合后，由于色相差别而形成的色彩对比效果，是色彩对比的一个根本方面，其对比强弱程度取决于色相之间在色相环上的距离（角度），距离（角度）越小对比越弱，反之则对比越强。主要有零度对比、调和对比、强烈对比三种对比类型，如图1-5所示。

（1）零度对比：指在色环中无距离（角度）的色彩并置形成对比效果。可分无彩色对比、无彩色与有彩色对比、同类色相对比、无彩色与同类色相对比四种对比形式。

①无彩色对比。无彩色对比虽然无色相，但它们的组合在实

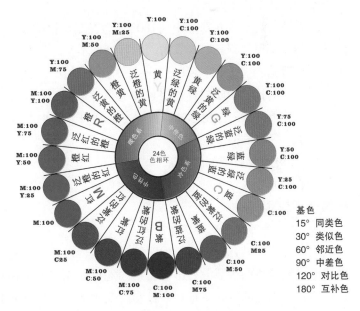

图1-5　色彩对比

用方面很有价值。例如，黑与白、黑与灰、中灰与浅灰，或黑与白与灰、黑与深灰与浅灰等。对比效果感觉大方、庄重、高雅而富有现代感，但也易产生过于素净的单调感。

②无彩色与有彩色对比。例如，黑与红、灰与紫，或黑与白与黄、白与灰与蓝等。对比效果感觉既大方、又活泼，无彩色面积大时，偏于高雅、庄重，有彩色面积大时活泼感加强。

③同类色相对比。一种色相的不同明度或不同纯度变化的对比，俗称同类色组合。例如，蓝与浅蓝（蓝+白）色对比，绿与粉绿（绿+白）与墨绿（绿+黑）色等对比。对比效果统一、文静、雅致、含蓄、稳重，但也易产生单调、呆板的弊病。

④无彩色与同类色相对比。例如，白与深蓝与浅蓝、黑与桔与咖啡色等对比，其效果综合了上文中"②"和"③"类型的优点。感觉既有一定层次，又显大方、活泼、稳定。

（2）调和对比：指色环上距离（角度）介于30°~90°之间的色彩并置形成对比效果。可分类似色相对比、邻近色相对比、中度色相对比三种对比形式。

①类似色相对比。色相环上相邻的2~3色对比，色相距离（角度）大约30°，为弱对比类型，如红橙与橙与黄橙色对比等。效果感觉柔和、和谐、雅致、文静，但也感觉单调、模糊、乏味、无力，必须调节明度差来加强效果。

②邻近色相对比。色相对比距离（角度）约60°，为较弱对比类型，如红与黄橙色对比等。效果较丰富、活泼，但又不失统一、雅致、和谐的感觉。

③中度色相对比。色相对比距离约90°，为中对比类型，如黄与绿色对比等，效果明快、活泼、饱满、使人兴奋，感觉有兴趣，对比既有相当力度，但又不失调和之感。

（3）强烈对比：指色环上距离（角度）介于120°~180°之间的色彩并置形成的对比效果。可分对比色相对比、补色对比、冷暖对比三种对比形式。

①对比色相对比。色相对比距离约120°。为强对比类型，如黄绿与红紫色对比等。效果强烈、醒目、有力、活泼、丰富，但也不易统一而感杂乱、刺激、造成视觉疲劳。一般需要采用多种调和手段来改善对比效果。

②补色对比。色相对比距离180°。为极端对比类型，如红与蓝绿、黄与蓝紫色对比等。效果强烈、眩目、响亮、极有力，但若处理不当，易产生幼稚、原始、粗俗、不安定、不协调等不良感觉。

③冷暖对比。冷暖对比是将色彩的色性倾向进行比较的色彩对比。冷暖本身是人对外界温度高低的条件感应，色彩的冷暖感主要来自人的生理与心理感受。

（二）色彩规律

1. 色彩的空间透视规律

色彩遵循近大远小的空间透视变化规律，近的色彩暖，远的色彩冷，近的色彩鲜明，远的色彩模糊等。

2. 光与色的客观变化规律

物体受不同的光照，会产生明暗、深浅、立体、冷暖不同的色彩变化。因为光的作用，物体会受环境色的相互散射影响，不同的物体固有色互相辉映与影响而产生出五彩缤纷的丰富色彩。光源色的冷暖对自然界色彩的变化起着非常重要的作用。有色光线照射下一般规律为：在"暖色"光线下的物体，其亮部呈"暖色相"，这时它的暗部就呈"冷色相"，在

"冷色"光线下的物体，其亮部呈"冷色相"，而它的暗部则呈"暖色相"。如果色光的冷暖不明显，就应按照两色光的强弱来分。一般情况下，早晨和傍晚的日光、灯光、火光等为暖色，中午的阳光、天光、白炽灯光等为冷光。天光多为冷色，但也有特殊情况，如朝霞、夕阳的余光，室外红墙壁反射的光线，有时也会影响室内光线变暖，阳光直照室内的物体就为暖光源。

（三）色彩情感要素

色彩具有影响人们心理情感的作用，可以传达思想意念，表达主题情感，不同的色彩可以表现不同的情感。例如，交通灯上的红灯表示停止，绿灯表示通行，这已经成为全世界通用的一种视觉语言。

1. 红色

最引人注目的色彩，它是火和血的颜色，具有强烈的感染力，象征热情、喜庆、幸福，又象征警觉、危险。红色色感刺激、强烈，在色彩配合中，常起着主色和重要的调和对比作用，是使用最多的色彩之一。

2. 橙色

秋天收获的颜色，鲜艳的橙色比红色更为温暖、华美，是所有色彩中最温暖的色彩。橙色象征快乐、健康、勇敢。

3. 黄色

阳光的色彩，象征光明、希望、高贵、愉快。也有特别情况，如浅黄色表示柔弱，灰黄色表示病态。黄色在纯色中明度最高，与红色色系配合能产生辉煌、华丽、热烈、喜庆的效果，与蓝色色系配合能产生淡雅、宁静、柔和、清爽的效果。

4. 绿色

绿色是植物的色彩，象征着平静与安全，而带灰褐绿的色彩象征着衰老和终止。绿色和蓝色配合显得柔和宁静，和黄色配合则显得明快清新。绿色的视认性不高，多作为陪衬的中性色彩。

5. 蓝色

蓝色是天空的色彩，象征和平、安静、纯洁、理智，又有消极、冷淡、保守等意味。蓝色与红、黄等色彩搭配得当，能构成和谐的对比调和关系。

6. 紫色

象征优美、高贵、庄重，又有孤独、神秘等意味。淡紫色有高雅和魔力的感觉，深紫色则有沉重、庄严的感觉。紫色与红色配合显得华丽，与蓝色配合显得华贵、低沉，与绿色配合显得热情、成熟。

7. 黑色

黑色是暗色以及明度最低的无彩色，象征着力量，有时也意味着不祥和罪恶。但黑色能和许多色彩构成良好的对比调和关系，运用范围很广。

8. 白色

白色表示纯粹与洁白，象征纯洁、朴素、高雅等。作为无彩色的极色，白色与黑色一样，与所有的色彩都能构成明快的对比调和关系。白色与黑色相配能产生简洁明了、朴素有力的效果，给人一种重量感和稳定感，具有很强的视觉传达力。

9. 灰色

灰色介于黑色与白色之间的无色彩，代表中立、伤心、郁闷、沮丧、柔和、高雅、中庸、平凡、温和、谦让等。灰色是永远流行的主要颜色，也是色彩中最被动的颜色，受有彩色影响极大，靠邻近的色彩获得自己的生命。同时，灰色近冷则暖、近暖则冷，最有平静感，是视觉中最安静的色彩，有很强的调和对比作用。

二、服装色彩搭配技巧

（一）色相搭配

色相搭配主要有同类色、类似色、邻近色、中差色、对比色、互补、色相渐变等搭配形式。

1. 同类色搭配

同类色搭配指在24色环上15°以内的色彩组合。色相之间差别很小，色彩对比较弱，有绝对统一、调和的效果。往往被看成一种色相不同层次的配合，即同一色相不同明度与彩度的变化，如图1-6所示。

图1-6　同类色搭配

2. 类似色搭配

在24色环中30°以内的任选一色和此色相邻的色相配，即为类似色配合。一般被看作是同一色相里的不同明度与彩度的色彩对比，如图1-7所示。

图1-7　类似色搭配

3. 邻近色搭配

邻近色搭配指在24色环中相隔30~60°的色相对比。既保持了邻近色单纯、统一、柔和、主色调明确等特点，同时又具有耐看的优点，是一类最容易出设计效果、又十分容易和方便的色彩配合，如图1-8所示。

图1-8　邻近色搭配

4. 中差色搭配

中差色搭配指在24色相环上间隔90°左右的色相对比，它介于类似色相和对比色相之间。因色相差别较明确，故对比效果比较明快，如图1-9所示。

图1-9　中差色搭配

5. 对比色搭配

对比色搭配指色环上间隔120°左右的颜色配合。其视觉效果强烈、鲜明、饱满，给人兴奋感，但易引起视觉疲劳，如图1-10所示。

图1-10　对比色搭配

6. 互补色搭配

互补色搭配指色环上间隔180°左右的颜色配合，属最强色相对比。特点是强烈、鲜明、充实、有运动感，但也容易产生不协调、杂乱、过分刺激、动荡不安、粗俗、生硬等感觉，如图1-11所示。

图1-11 互补色搭配

7. 色相渐变

色相渐变指两种或两种以上色相的逐渐变化。包括两种变化形式：一是两种或两种以上色相自身的明度渐变，二是由甲色相逐渐转化为乙色相、再逐渐转化为丙色相，如图1-12所示。

图1-12 色相渐变

（二）色彩明度搭配

色彩的层次与空间关系主要依靠明度对比来表现，将黑和白按比例混合，分为11个明度阶梯。最暗色阶是0级的黑色，最亮色阶是10级的白色，而1~9级为深浅不等的系列灰色色阶。1~3级为低明度（暗调）、4~6级为中明度（中调）、7~9级为高明度（亮调），如图1-13所示。

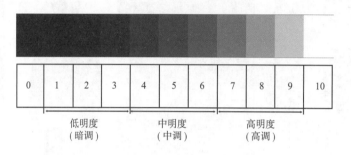

图1-13　明度变化

1. 亮调色搭配

亮调色搭配以几种浅色为主进行色彩配合，如浅黄与浅咖啡、浅黄与浅绿等。这种搭配具有明亮、清新、高洁、柔和的感觉，如图1-14所示。

图1-14　亮调色搭配

2. 暗调色搭配

暗调即为低调，是以几种深色为主进行色彩配合，如深咖啡与红、深蓝与橄榄绿等。暗调具有沉静、坚实、高雅、含蓄、厚重的感觉，如图1-15、图1-16所示。

图1-15　暗调色搭配一

图1-16　暗调色搭配二

3. 中调色搭配

中调色搭配是处于中性深浅的几种颜色的色彩搭配。这种搭配具有柔和、成熟、平衡、优美的感觉，如图1-17所示。

图1-17　中调色搭配

　　亮调中可以配合少量的暗调或中调的颜色，暗调中可以配合少量的亮调或中调的颜色，中调中可以配合少量的亮调或暗调的颜色，这样就可以得出若干种不同的调，如图1-18～图1-20所示。

图1-18　高中调

图1-19　中长调

图1-20　高短调

4. 明度渐变

明度渐变是指通过同色相明暗深浅逐渐变化而形成的一种色彩搭配效果。明度渐变搭配能够获得非常协调而又不失对比的服装搭配效果，如图1-21所示。

图1-21　明度渐变

（三）色彩纯度搭配

色彩纯度搭配是指根据彩度差别进行色彩的配合。我们将一个纯色和黑色按比例混合，即从一个纯色推到黑色，分为11个彩度阶梯。0级是最鲜艳的色阶，10级是彩度最低的色阶，而0～10级为彩度不等的系列色阶。0～3级为高纯度，4～6级为中纯度，7～10级为低纯度，如图1-22所示。

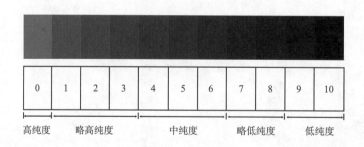

图1-22　纯度变化

1. 强彩度对比

强彩度对比指相差7个色阶以上的对比。由于色阶差大，具有对比效果十分鲜明、形象清晰度高的特征，如图1-23所示。

2. 低彩度对比

低彩度对比指相差4个色阶以内的对比。具有对比差小、认识度低、形象模糊不清的特征。以低彩度为基调的色彩搭配，可以点缀少量中彩度色，其效果一般是偏暗或偏灰，具有厚重、含蓄、低沉的特点，如图1-24所示。

图1-23　强彩度搭配

图1-24　低彩度搭配

3. 中彩度对比

中彩度对比指相差5～6个色阶以内的彩度对比。其对比效果既柔和、朦胧、统一，又不失变化。以中彩度为基调的色彩搭配，具有温和、柔软、沉静的特点，如图1-25所示。

图1-25　中彩度搭配

三、主题色彩表现

（一）主题色彩表现认知

以色彩的联想和色彩象征为依据，结合主题和内容采用特定的形态（抽象形态和具象形态）组构，运用色彩关系表达作品主题。它可以更加直接地表现人们的情感与思想，要求表现者对大自然感悟，对色彩的要素、色彩的视觉规律、色彩心理的情感和象征有深刻的理解，认真体会所表现的主题内涵，并结合主题确定色调，组构色彩关系，运用色彩语言强化主题的意象。主题色彩表现是在理解色彩的特性及其象征意义的基础上，对物象表征与人的情感特征的认识和理解所进行的意象表现，多倾向于主观的表现和心理认知。

（二）主题色彩表现方法

1. 联想组合法

根据主题意境展开色彩联想，确定相关色彩、主色调、色彩配搭形式组合成主题色彩的方法。

2. 主题素材图片色彩提取组合法

根据主题意境收集各种与主题相关的素材图片，选择主题代表性素材图片，从素材图片中提取相关色彩，确定主色调以及其他色彩组合成主题色彩的方法。

3. 综合主题色彩组合法

综合联想组合法和主题素材图片色彩提取组合法，实现主题色彩提取的方法。

四、项目实训

（一）实训项目任务及要求

1. 实训项目任务

（1）任务一：利用计算机软件制作24标准色环，并标明24标准色环色相名称；另外，根据24标准色环的每个色相，在网上收集与之相近色彩的服装图片，要求每个色相收集4张以上服装图片，并用PPT呈现作业内容。

（2）任务二：在"春、夏、秋、冬""喜、怒、哀、乐""酸、甜、苦、辣""东、西、南、北"中选择任意一个主题，收集与该主题情感色彩一致的服装图片，每一种情感图片不少于2张，并用PPT完成作业内容。

（3）任务三：选择"春意""秋月""秦风汉月""东方神韵"任意一个主题，根据指定的系列服装款式进行色彩搭配，表现选定的服装主题并完成主题服装系列色彩设计。

2. 实训目的及要求

通过制作标准色环、收集服装色彩图片，强化对色彩的认知，培养色彩的敏锐性；通过服装主题情感色彩图片收集，强化对服装色彩情感的理解；通过主题系列色彩的搭配训练，掌握主题色彩的表现方法。要求按照实训内容完成以上三个任务，重点要求完成任务三。

3. 计划学时

计划学时：8学时。其中：任务一2学时；任务二2学时；任务三4学时。

4. 实训条件

（1）硬件：计算机、图像设计软件、服装网站等。

（2）场室要求：网络、计算机、设计平台等。

（二）实训项目任务指导

1. 任务一

（1）打开计算机、开启平面设计（PS、AI、CDR）等软件。

（2）网络收集24标准色环图片，导入平面设计（PS、AI、CDR）等软件进行参考绘图。

（3）绘制24标准色环，标注色彩名称及相应的色彩的（RGB、CMYK）颜色值。

（4）网上收集服装图片，将图片导入平面设计（PS、AI、CDR）等软件进行色彩比对，可以借助设计软件中的颜色工具进行比对，将图片进行分类。

（5）制作PPT，将制作的色环、色相与对应的服装分类图片用PPT形式进行展示。

2. 任务二

（1）选择"春、夏、秋、冬""喜、怒、哀、乐""酸、甜、苦、辣""东、西、南、北"中任意一个主题，针对主题中的分项主题展开联想，将想象的意境图或主观色彩统计与排序。

（2）通过网络收集与主题排序色彩一致的服装图片，可借用设计软件（PS、AI、CDR）的色彩选择工具进行色彩比对分类。

（3）将分类好的服装图片与主题意境色彩分组，利用PPT将每一主题的色调、主要色彩以及与主题色彩一致的服装图片归类，制作PPT展示。

3. 任务三

（1）选择"春意""秋月""秦风汉月""东方神韵"任意主题，对主题展开色彩联想，将想象的意境图主观色彩进行色相统计与排序。

（2）通过网络收集与主题相关联的图片，利用设计软件（PS、AI、CDR）的色彩选择工具，选择主题情感最具代表性的色彩，按照色彩在图片中的占比大小进行依次排序，确定主题色组。

（3）综合联想色彩与主题图片色组，确定主要色调与色彩。

（4）选择一系列服装设计线稿，在设计软件（PS、AI、CDR）中，调取色调与色彩组合，根据服装的款式分割比例关系，进行服装着色处理。

（5）进行整体色调调整，强化主题情感色彩，突出主题色调。

（三）实训项目考核评价

1. 考核评价方式

教师评价和学生互评结合。本项目考核成绩计算方式：项目成绩=任务一成绩×20%+任务二成绩×20%+任务三成绩×60%。

2. 考核评价标准

每个实训任务按照100分制计算，其中，任务总体完成情况占比40%，任务完成效果与质量占比60%。

考核评价表

实训项目任务	任务总体完成情况（40分）		任务完成质量与效果（60分）	
	任务时效	任务作业完整性	主题关联性	美观创意性
任务一	10分	30分	20分	40分
任务二	10分	30分	20分	40分
任务三	10分	30分	20分	40分

项目二　服装款式造型创意设计

学习目标：

1. 掌握服装造型设计的基本理论知识。
2. 学会服装造型设计素材收集。
3. 学会服装造型设计分析。
4. 能够结合人体机能进行服装造型设计。
5. 能够用创意造型表现不同的服装主题意境。

学习任务：

1. 服装创意造型设计理论知识。
2. 服装创意造型设计素材收集与应用。
3. 服装创意造型设计原理与方法。
4. 服装主题创意造型设计表现。

任务分析：

1. 要求掌握服装造型设计概念、服装造型设计构成要素、服装造型设计形式美原理与法则、服装造型创意设计方法与程序等知识。
2. 要求掌握创意造型设计素材的收集方法和渠道、素材提取与应用的方法。
3. 要求掌握服装创意造型设计思维的方法、创意思维灵感设计转化的方法与技巧、服装主题创意造型设计程序等知识与技能。
4. 要求掌握服装主题造型创意设计表现。

计划学时： 8学时

项目二　服装款式造型创意设计

一、服装造型设计的概念与构成要素

（一）服装造型设计概念

服装造型是利用材料塑造的服装外观形态和结构样式，是服装在形状上的结构关系和衣着的存在方式，包括外部造型和内部造型，也称整体造型与局部造型。点、线、面、体是一切造型的基本要素，服装造型要素涵盖人体着装后服装的感觉、材料、技术及它们之间的关系。当然，从保护人体的角度出发，区别于其他造型艺术的原因在于它必须依附于人体，并遵循人体的运动规律和机能。

服装外部造型主要是指服装的轮廓剪影，内部造型指服装内部的款式结构，包括结构线、省道、领型、袋型等。服装的外部造型是设计的主体，内部造型设计要符合整体外观的风格特征，内外造型应相辅相成。在设计中要避免抛开外部造型风格而一味追求内部造型的精雕细刻，否则会产生喧宾夺主、支离破碎的反面效果。

1. 服装外部造型设计（廓型设计）

服装设计作为一门视觉艺术，外部轮廓能给人们深刻的印象，在服装整体设计中造型设计处于首要的地位。服装的外轮廓剪影可归纳成A型、H型、X型、Y型、O型、S型等，在此基础上进行变化又可产生多种变化造型。例如，以A型为基础能变化出帐篷型、喇叭型等，对H型、Y型、X型、O型进行变化也能产生更富情趣的廓型（图2-1～图2-5）。

图2-1　A型

图2-2　H型

图2-3　X型

图2-4　Y型

图2-5　O型

2. 服装内部造型设计

　　服装的内部造型设计主要包括结构线、领型、袖型和零部件的设计等。服装的结构线具有塑造服装外部形态，适合人体体型和方便加工的特点，在服装结构设计中具有重要的意义，服装结构设计在一定意义上来说即是结构线的设计，如图2-6所示。

图2-6　服装内部造型

（二）服装造型设计构成要素

点、线、面、体是服装造型设计构成的基本要素，通过点、线、面、体基本形式进行排列、组合、分割、积聚可以产生形态各异的服装造型。

1. 点元素构成设计

点在空间中起着标明位置的作用，具有引人注目、突出诱导视线的性格。点在空间中的不同位置、形态以及聚散变化都会引起人的不同的视觉感受。点在空间的中心位置时，可产生扩张、集中感；点在空间的一侧时，可产生不稳定的游移感；点的竖直排列能产生直向拉伸的苗条感；较多数目、大小不等的点作渐变的排列可产生立体感和视错感；大小不同的点有秩序地排列可产生节奏韵律感。

在服装中，小至纽扣、面料的圆点图案，大至装饰品都可被视为一个可被感知的点，我们了解了点的这些特性后，在服装设计中恰当地运用点的功能，富有创意地改变点的位置、数量、排列形式、色彩以及材质某一特征，就会产生出奇不意的艺术效果，如图2-7、图2-8所示。

图2-7　点元素在服装材料设计中的构成应用一　　　图2-8　点元素在服装造型设计中的构成应用二

2. 线元素构成设计

点的轨迹形成线，在空间中起着联贯的作用。线又分为直线和曲线两大类，具有长度、粗细、位置以及方向上的变化。不同特征的线给人们不同的感受。例如，水平线平静安定，曲线柔和圆润，斜向直线具有方向感。同时，通过改变线的长度可以产生深度感，而改变线的粗细又可产生明暗效果等。在服装中线条可表现为外轮廓造型线、剪缉线、省道线、褶裥线、装饰线以及面料线条图案等。服装形态美构成，无处不显露线的创造力与表现力。世界著名时装设计师克里斯汀·迪奥（Christian Dior）就是一位在服装线条设计上具有其独特见解的设计大师，他相继推出了著名的时装轮廓A型线、H型线、S型线和郁金香型线，创造了经典的时装造型，引起当时时装界的轰动。在设计过程中，巧妙改变线的长度、粗细、浓淡等比例关系，将产生丰富多彩的构成形态，如图2-9、图2-10所示。

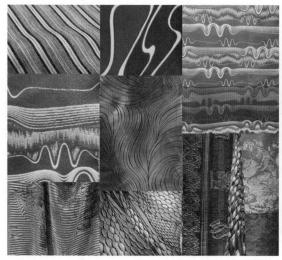

图2-9 线元素在服装材料设计中的构成应用一　　图2-10 线元素在服装造型设计中的构成应用二

3. 面元素构成设计

线的移动形迹构成面。面具有二维空间的性质，有平面和曲面之分。面根据线构成的形态分为方形、圆形、三角形、多边形以及不规则偶然形等。不同形态的面具有不同的特性，如三角形具有不稳定感，偶然形具有随意活泼之感等。面与面的分割组合，以及面与面的重叠和旋转都会形成新的面。面有直面分割、横面分割、斜面分割、角面分割等几种分割方式。在服装中，轮廓、结构线和装饰线对服装的不同分割产生了不同形状的面，同时面的分割组合、重叠、交叉所呈现的平面又会产生出不同形状的面，形状千变万化，布局丰富多彩。它们之间的比例、对比、机理变化和色彩配置以及装饰手段的不同应用，能产生风格迥异的服装艺术效果，如图2-11所示。

4. 体元素构成设计

体是由面与面的组合而构成的，具有三维空间的概念。不同形态的体具有不同的个性，同时从不同的角度观察，体也会表现出不同的视觉形态。体是自始至终贯穿于服装设计中的基础要素，服装设计者一定要树立完整的立体形态概念。一方面，服装的设计要符合人体的形态以及运动时人体机能变化的需要；另一方面，通过对体的创意性设计也能使服装别具风格。例如，日本著名时装设计师三宅一生（Lssey Miyalci）就是以擅长在设计中创造出具有强烈雕塑感的服装造型而闻名于世界时装界的代表人物，他对体在服装中的巧妙应用，形成了个人独特的设计风格，如图2-12所示。

二、服装造型设计形式美原理与法则

服装造型设计需要运用形式美的基本原理与法则，形式美的基本原理与法则是人们对自然美加以分析、组织、利用并形态化的美学规律。从本质上讲就是变化与统一的协调关系。它是一切视觉艺术所遵循的美学法则，贯穿于包括绘画、雕塑、建筑等在内的众多艺术形式之中，也是自始至终贯穿于服装设计中的美学法则，主要有比例、平衡、节奏与韵律、视

图2-11　面元素在服装造型设计中的构成应用一

图2-12　体元素在服装造型设计中的构成应用二

错、强调、变化与统一等形式法则。

（一）比例

比例是相互关系的定则，体现各事物间长度与面积、部分与整体、部分与部分间的数量比值。对于服装来讲，比例也就是服装各部位尺寸之间的对比关系。例如，衣长与整体服装长度的关系，局部装饰的面积大小与整件服装大小的对比关系等。对比的数值关系达到了美的统一和协调，则称为比例美。

造型设计公认美的比例有黄金比例，又称黄金律，是指事物各部分间一定的数学比例关系，即将整体一分为二，较大部分与较小部分之比等于整体与较大部分之比，其比值约为1：0.618，即长段为全段的0.618。服装设计中的长度比、宽度比、面积比等如果按照黄金比例来进行设计，则能产生极佳的意象和美感，如图2-13所示。

图2-13 服装设计黄金比例应用

除了黄金比例外，服装设计常用的比例还有方根比、方根比矩形比例、日本奇数比等。方根比是指1：$\sqrt{1}$、1：$\sqrt{2}$、1：$\sqrt{3}$……的比值；日本奇数比是1：1、1：3、1：5、1：7……的比值，如图2-14所示。

图2-14　服装设计比例应用

（二）平衡

平衡是在一个交点上，双方形态相互保持均衡的状态，其表现为对称式的平衡和非对称平衡两种形式。对称的平衡是指相反的双方面积、大小、质料保持相等状态下的平衡，这种平衡关系应用于服装中可表现出一种严谨、端庄、安定的风格，一般在一些制服、军服设计中常常加以使用。非对称平衡是指相反的双方面积、大小、质料不相等，但质量相等（视觉均衡）的平衡形式。为了打破对称式平衡的呆板与严肃，追求活泼、新奇的着装情趣，不对称平衡则更多地应用于时尚服装的设计中，以不失重心为原则，追求静中有动，以获得不同凡响的艺术效果，如图2-15、图2-16所示。

图2-15　服装设计对称平衡应用

图2-16　服装设计非对称平衡应用

（三）节奏与韵律

节奏、韵律原本是音乐的术语，指音乐中音的连续，音与音之间的高低以及间隔长短在连续奏鸣下反映出的感受。在视觉艺术中，点、线、面、体以一定的间隔、方向按一定的规律排列，并由于连续反复运动而产生韵律。节奏一般表现为跳跃式的形态转化，韵律则是起伏连绵的节奏，如图2-17、图2-18所示。

图2-17 服装设计节奏应用

图2-18 服装设计韵律应用

（四）视错

由于光的折射及物体的反射关系，或由于人的视角不同、距离方向不同以及人的视觉器官感受能力的差异等原因造成视觉上的错误判断，这种现象称为视错。例如，两根同样的直线，水平与垂直相交，垂直线会错感觉比水平线长；取三个大小相同的长方形，进行分割，人的视错会认为竖线多的长方形比一条竖线的长方形长。将视错运用于服装设计中，可以弥补或修补某些缺陷。例如，利用增加服装中的横竖结构线或图案线条来掩盖体型达到增高或显瘦的效果。视错在服装设计中具有十分重要的作用，利用视错规律进行造型设计，能充分发挥其独特的造型优势，如图2-19所示。

图2-19 服装设计视错应用

（五）强调

强调是有意引起注意的造型形态，服装有强调才能生动而引人注目。所谓强调因素是整体中最醒目的部分，它虽然面积不大，但却有"凸显"效能，具有吸睛的强大优势，起到画龙点睛的功效。在服装设计中可加以强调的因素很多，主要有形态方向位置的强调，材质机理的强调，量感的强调等，通过强调能使服装主题突出，魅力彰显，如图2-20所示。

图2-20　服装设计强调应用

（六）变化与统一（对比与调和）

变化与统一是一切艺术形式美的基本规律，也是服装形式美法则中最基本和最重要的一条法则。变化是寻找各部分之间的差异、区别，统一是寻求各部分之间的内在联系、共同点或共有特征。变化与统一的关系是相互对立又相互依存的统一体，缺一不可。在服装设计中既要追求款式、色彩的变化多端，又要防止各因素杂乱堆积缺乏统一性；在追求秩序美感的统一风格时，也要防止缺乏变化引起的呆板单调的感觉。因此，在统一中求变化，在变化中求统一，并保持变化与统一的适度，才能使服装设计日臻完美（图2-21～图2-24）。

图2-21 形与色的统一

图2-22 色统一、线变化　　　　　图2-23 色统一、质感变化　　　　　图2-24 造型统一、色质变化

三、服装造型创意设计方法

（一）服装造型创意设计思维

服装造型创意设计是创造思维物化的过程，创意是指具有独创、创造性的意境，也指所创出的新意或意境。它是指对现实存在事物的理解以及认知所衍生出的一种新的思维和行为潜能。人类是在创意、创新中诞生的，也要在创意、创新中发展。创意是一种突破，是逻辑思维、形象思维、逆向思维、发散思维、系统思维、模糊思维和直觉、灵感等多种认知方式综合运用的结果。

思维是人脑对客观现实概括的和间接的反映，它反映的是客观事物的本质及其规律性联系。思维是人类认识的高级阶段，它是在感知基础上实现的理性认识形式。设计思维作为一种思维的方式，被普遍认为具有综合处理能力的性质，能够理解问题产生的背景，能够催生洞察力及解决方法，并能够理性地分析和找出最合适的解决方案。设计思维可以理解为某种独特的"在行动中进行创意思考"的方式，类似于系统思维。

（二）创意设计思维的类型与方法

创意设计思维按类型可划分为形象性思维、抽象性思维、定向性思维、逆向性思维、发散思维、联想性思维和灵感性思维等。

1. 形象性思维（具象性思维）

形象性思维，主要是指人们在设计过程中，用直观形象的形体，解决设计问题的思维方法。形象性设计思维是在对形象信息传递的客观形象体系进行感受、储存的基础上，结合主观的认识和情感进行识别（包括审美判断和科学判断等），并用一定的形式、手段和工具（造型、色彩、材质、工艺等）创造和描述形象（包括艺术形象和科学形象）的一种基本的思维形式。形象性思维的主要方法有模仿法、想象法、组合法、移植法等。

（1）模仿法。以某种模仿原型为参照，在此基础之上加以变化产生新事物的方法。许多发明创造都建立在对前人或自然界的模仿基础上，如模仿鸟发明了飞机，模仿鱼发明了潜水艇，模仿蝙蝠发明了雷达等，如图2-25所示。

（2）想象法。在脑中抛开某事物的实际情况，而构成深刻反映该事物本质的简单化、理想化的形象，直接想象是在设计中被广泛采用的方法手段，如图2-26所示。

（3）组合法。从两种或两种以上的事物或产品中抽取合适的要素重新组合，构成新的事物或新的产品的创造方法。常见的组合法一般有同物组合、异物组合、主体附加组合、重构组合四种组合形式，如图2-27所示。

图2-25　模仿设计

图2-26　想象设计　　　　　　　　　　　　图2-27　组合设计

（4）移植法。将一个领域中的原理、方法、结构、材料、用途等移植到另一个领域中去，从而产生新事物的方法。主要有原理移植、方法移植、功能移植、结构移植等类型，如图2-28所示。

图2-28　移植设计

2. 抽象性思维

抽象性思维又称逻辑性思维，是人在认识活动中运用概念、判断、推理等思维形式，对客观现实进行间接概括的反映过程。它的基础建立在人脑对外部形成的感觉基础上，经过思维反复思考、加工及改造，是一种再创造，是由事物的表面深入到事物的本质的思维过程。

抽象思维以推理为表现特征，可以使人们获得不能由经验直接得到的知识，是一种理性思维活动。人类在认识外部世界时总会面对新情况、新问题，这时候就需要抽象思维来分析原因，归纳结论，推动人类认识的不断深入。尽管其推理形式可以是多样的，但它最终的归宿仍是事物的共同属性和本质规律。抽象性思维的主要方法有转移法、变异法、夸张法等。

（1）转移法。将一种事物转化到另外的一种事物中使用，使在本领域难以解决的问题，通过移位，产生新的实破的思维方法。它主要表现在按照设计意图将不同风格品种功能的服装相互渗透，相互置换，从而形成新的服装品种。例如，将正装转移到休闲装，将时装转移到休闲装，转移过程中由于双方所分配的比例不同，会碰撞出很多种可能，如图2-29所示。

图2-29 转移设计

（2）变异法。在改变原有素材形态的基础上，注重设计作品中象征的意义。变异并不是刻意强调变形，而是突出素材的内在含义，富较强的象征性。采用变异方法，可以借助各种各样的素材，把设计师对事物的感受用抽象和象征的手法表现出来，如图2-30所示。

（3）夸张法。夸张法是一种常见的设计方法，也是一种化平淡为神奇的设计方法。在服装设计中，夸张的手法常用于服装的整体与局部造型设计中，夸张不但是把本来的状态和特性放大，也包括将其缩小，从而造成视觉上的强化与弱化。它是利用素材特点，通过艺术的夸张手法使原有的形态变化，使之符合设计主题的定位，同时也达到一种形式美的效果的设计方法。夸张需要一个尺度，其根据设计目的决定。在趋向极端的夸张设计过程中有无数个形态，选择截取最合适的状态应用在设计中，是设计服装训练的关键，如图2-31所示。

图2-30　变异设计

图2-31　夸张设计

3. 定向性思维

定向性思维是按照既定方向或程序进行思维的活动过程，与发散性思维相对。定向思维的基础是"经验"，定向性设计思维方法有聚焦法、限定法等。

（1）聚焦法。指在解决问题的过程中，尽可能利用已有的知识和经验，把众多的信息和解题的可能性逐步引导到条理化的逻辑序列中去，最终得出一个合乎逻辑规范的结论。

（2）限定法。围绕某一目标在某些要素限定情况下所进行设计的方法，在服装设计中有价格限定、用途功能限定、尺寸限定、设计要素限定、造型限定、色彩限定、面料结构限定及结构工艺限定等。一般商业设计大都采用限定法。

4. 逆向性思维

逆向性思维也叫反向思维，它是对司空见惯的似乎已成定论的事物或观点反过来思考的一种思维方式。逆向思维设计的方法主要有反面法。

反面法是从相反的角度去拓展的设计思维，是在相反或对立的位置上去看待事物，寻求异化和突变结果的设计方法，如图2-32所示。反面法可以是题材风格上的，也可以是理念形态上的反对。色彩搭配的无序、面料的随意拼接、矛盾的造型设计都是对设计观念的反对；男女老少的逆向，前与后的反对，上装与下装的反对，内衣与外衣的反对，都是对设计形态的反对。反面法要注意不可生搬硬套，要协调好各设计要素，否则就会使设计显得生硬牵强。

图2-32　反向思维设计

5. **发散性思维**

发散性思维又称辐射思维、放射思维、扩散思维，是大脑呈现的一种扩散状态的思维模式。它表现为思维视野广阔，呈现出多维发散状，如"一题多解""一事多写""一物多用"等方式。发散性思维设计方法主要有材料发散法、功能发散法、结构发散法、形态发散法、组合发散法、方法发散法、因果发散法、假设推测法、头脑风暴法等。

（1）材料发散法。以某个物品尽可能多的"材料"为发散点，设想它的多种用途。

（2）功能发散法。从某事物的功能出发，构想出获得该功能的各种可能性。

（3）结构发散法。以某事物的结构为发散点，设想出利用该结构的各种可能性。

（4）形态发散法。以事物的形态为发散点，设想出利用某种形态的各种可能性。

（5）组合发散法。以某事物为发散点，尽可能多地把它与别的事物进行组合成新事物。

（6）方法发散法。以某种方法为发散点，设想出利用方法的各种可能性。

（7）因果发散法。以某个事物发展的结果为发散点，推测出造成该结果的各种原因，或者由原因推测出可能产生的各种结果。

（8）假设推测法。假设的问题不论是任意选取的，还是有所限定的，所涉及的都应当是与事实相反的情况，是暂时不可能的或是现实不存在的事物对象和状态。由假设推测法得出的观念可能大多是不切实际的、荒谬的、不可行的，这并不重要，重要的是有些观念在经过转换后，可以成为合理的有用的思想。

（9）头脑风暴法。是一种集思广益的思维方法，通过众人的力量提出多种设计解决方案，最后进行筛选确定设计的方法。

6. **联想性思维**

联想性思维是指在人脑记忆表象系统中，由于某种诱因导致不同表象之间发生联系的一种没有固定思维方向的自由思维活动。主要思维形式包括幻想、空想、玄想。其中，幻想，尤其是科学幻想，在人们的创造活动中具有重要的作用。联想思维的设计方法主要有相似联想、相关联想、对比联想、因果联想、接近联想等。

7. **灵感性思维**

灵感思维是进行创造过程中思维达到高潮后出现的一种思维飞跃或顿悟现象，是灵气的思维。形式以一闪而过的念头出现，灵感的出现能够使创作活动出现一个质的转折，是人的潜意识和积累的经验叠加的迸发，是人在长期创作实践基础上的自我突破，很多优秀的设计作品都是通过灵感思维形成的。灵感思维对设计师的创作能够起到不可估量的作用。从形式上看，灵感思维的产生往往存在于不经意之间，在设计作品时，灵感往往是突然而至，瞬间即逝，似乎不能由自己的意识决定，但灵感思维的出现却是由于此前大量经验、素材、情感的积累所致。

四、服装造型创意设计程序

服装造型创意设计程序是指设计师从一个设计项目的提出到设计概念的形成、意象的出现，再到设计概念的具体物化，包括对设计方案的修改、调整、美化及逐渐选择的整个过程。简单地说就是想法—概念—原型—成品的全过程。

（一）服装造型创意设计思维过程

服装造型创意设计思维分为准备阶段、酝酿阶段、明朗阶段和验证阶段。

1. 准备阶段

在准备阶段中主要是收集和整理资料，储存必要的知识和经验，准备必要的技术、设备及其他有关条件等。创造主体已明确所要解决的问题，然后围绕这个问题，收集资料信息，并试图使之概括化和系统化，形成自己的知识，了解问题的性质，澄清疑难点和关键点，同时开始尝试和寻找初步的解决方法。

2. 酝酿阶段

酝酿阶段主要对前一阶段所获得的各种资料、知识进行消化和吸收，从而明确问题的关键所在，并提出解决问题的各种假设与方案。这个阶段最大的特点是潜意识的参与。对创造来说，需要解决的问题被搁置起来，主体并没有做什么有意识的工作。由于问题是暂时搁置而实则继续思考，因而这一阶段也常常称为探索解决问题的潜伏期及孕育阶段。

3. 明朗阶段

经过前一阶段的充分酝酿，在长时间的思考后，思维常常会进入"豁然开朗"的境地，问题的解决路径开始顺利。创造主体突然间被特定情景下的某一个特定启发唤醒，创造性的新意识猛地被发现，以前的困扰一一化解，问题顺利解决，产生"顿悟"或"灵感"。灵感的出现无疑对问题的解决十分有利，然而灵感也是在上一阶段的长期思考或过量思考的基础上才会产生，没有苦苦的"过量思考"，灵感是不会到来的。

4. 验证阶段

验证阶段是个体对整个创造过程的反思，检验解决方法是否正确，也就是把前面所提出的假设、方案通过理论推导或者实际操作来检验它们的正确性、合理性和可靠可行性，进而付诸实践。在这个阶段，把抽象的新观念落实在具体操作的层次，提出的解决方法必须是详细、具体并能予以运用的验证。如果试验并检验是好的，问题便解决了；如果提出的方法失败了，则上述过程必须全部或部分重新进行。

（二）服装造型创意设计

服装造型创意设计主要体现在服装的廓型、服装结构与分割线、服装局部部件的创意设计，其中廓型设计是决定服装整体风格特征的关键因素，同时也是服装的流行要素，能够非常直观地展现服装的造型创意。服装结构与分割线设计在服装造型创意设计中的角色也至关重要，是支撑服装创意造型的基础，也是处理服装创意造型与人体结构矛盾的关键因素。合理的服装结构与分割线设计能够进一步提升服装创意设计的内涵，能够使服装的外观造型合理地着装于人体之上。服装局部部件设计主要体现在领子、袖子、口袋、门襟、下摆、腰节、胸部等部位，其创意造型能够起到画龙点睛的强调作用，能够烘托服装的创意造型。

1. 服装廓型创意设计

服装廓型是针对服装的外部造型线（轮廓线）的创新变化设计。服装廓型创意设计是服装造型设计的本源。服装作为直观的形象，如剪影般的外部轮廓特征会先快速、强烈地进入视线，给人留下深刻的总体印象。服装廓型的变化影响制约着服装款式的设计；服装款式的设计丰富、支撑着服装的廓型。廓型按其不同的分类方式，有以下几种形态：按字母形态，如H型、A型、X型、O型、T型等；按几何造型形态，如椭圆形、长方形、三角形、梯形等；按具体的象形事物形态，如郁金香形、喇叭形、酒瓶形等；按某些常见的专业术语命名，如公主线形、细长形、宽松形等。服装设计随设计师的灵感与创意千变万化，服装的廓型就以千姿百态的形式出现，每一种廓型都有各自的造型特征和性格倾向。服装廓型可以是一种字母或几何形，也可以是多个字母或几何形的搭配组合，如图2-33所示。

图2-33　服装廓型创意设计

2. 服装分割线创意设计

分割线是服装细节设计的关键因素，其形式的变化直接影响服装的整体造型，对于服装本身具有重要意义，是实现服装立体造型的主要手段。分割线作为分割的具象表现形式，既能随着人体的线条塑造出人体的体态美，还可以改变人体的一般形态，塑造出新的、带有强烈个性的形态。服装分割线在设计过程中按具体作用的不同可以划分为功能性分割线、装饰性分割性、结构性分割线，如图2-34所示。

3. 服装局部创意设计

服装局部创意设计可以增加服装的机能性，也能使服装更符合形式美原理。从服装的局部创意设计中，可以体现出设计师的整体设计水平以及对流行元素的把握能力。相对于较稳定的服装外部廓型设计，服装的局部设计给了设计师较大的自由发挥空间，设计师可以在更多的细节设计上寻找亮点，从而使设计作品独具匠心，如图2-35所示。

图2-34　分割线创意设计

图2-35　服装局部创意设计

五、项目实训

（一）实训项目任务及要求

1. 实训项目任务

（1）任务一：收集创意服装造型设计素材，按照A型、X型、Y型、H型、O型、S型等服装廓型进行分类，每种廓型服装收集10~20款；收集创意结构服装20~30款；根据收集的创意廓型与创意结构服装，选择1~2款创意廓型和创意结构样式进行拓展设计，完成系列（3~5款）服装创意廓型与结构设计，并绘制服装系列款式图。

（2）任务二：收集各种创意造型素材图片，选择创意素材元素，利用设计形式美法则完成一系列（3~5套）服装造型设计思维导图，并绘制完成服装系列款式图。

（3）任务三：选择"建筑""自然景观""器物""宗教""文化艺术"等任意一个主题，搜集与主题相关的造型设计素材，并从素材中提取设计元素，设计系列（3~5款）主题创意造型服装，并绘制完成系列服装设计效果图与款式图。

2. 实训目的及要求

通过收集服装创意造型设计素材，强化对服装外部廓型和内部结构的认知；通过服装廓型与结构的拓展设计，强化对服装造型要素的理解，掌握服装设计形式美法则的应用；通过系列主题服装造型设计训练，掌握主题服装造型设计的方法。任务一、任务二可根据具体课时安排选择其中一项任务开展实训，另外一项可作为课后训练利用课余时间完成。要求重点完成任务三。

3. 学时计划

计划学时：8学时。其中：任务一2学时；任务二2学时；任务三4学时。

4. 实训条件

（1）硬件：计算机、图像设计软件、服装网站等。

（2）场室要求：网络、计算机、设计平台等。

（二）实训项目任务指导

1. 任务一

（1）通过各种网站、服装专业网站、电子商务平台等收集服装图片。

（2）根据收集的各种创意服装图片，按照A型、X型、Y型、H型、O型、S型等服装廓型进行分类。

（3）根据收集的各种创意服装图片，按照服装创意结构与部位进行服装分类。

（4）从已经分类的服装创意廓型、服装创意结构选择1~2款服装，在此基础上进行服装款式造型拓展设计。

（5）利用服装设计软件，拓展绘制服装系列款式图。

2. 任务二

（1）通过网络收集各种创意造型素材图片。

（2）针对收集的创意造型素材图片，提取素材创意元素，利用设计形式美法则进一步拓展设计素材，绘制思维导图，完成新造型或结构形式。

（3）根据完成的服装新造型结构，拓展设计3~5款同系列服装。

（4）利用设计软件表现完成系列服装款式图。

3. 任务三

（1）选择"建筑""自然景观""器物""宗教""文化艺术"等任意一个主题，搜集与主题相关的造型设计图片素材。从素材中提取设计元素，设计系列（3~5款）主题创意造型服装，绘制完成系列服装设计效果图与款式图。

（2）从收集的素材图片资料中提取创意造型元素，进一步拓展新的造型设计，根据选定的主题与拓展的设计元素新的造型，应用于系列服装造型之中。

（3）服装造型、结构风格与主题意境相关风格元素统一处理。

（4）利用服装设计软件，绘制完成系列服装设计效果图与款式图。

（三）实训项目考核评价

1. 考核评价方式

教师评价和学生互评结合。本项目考核成绩计算方式：项目成绩=任务一成绩×20%+任务二成绩×20%+任务三成绩×60%。

2. 考核评价标准

每个实训任务按照100分制计算，其中任务总体完成情况占比40%，任务完成效果与质量占比60%。

考核评价表

实训项目任务	任务总体完成情况（40分）		任务完成质量与效果（60分）	
	任务时效	任务作业完整性	主题关联性	美观创意性
任务一	10分	30分	20分	40分
任务二	10分	30分	20分	40分
任务三	10分	30分	20分	40分

项目三　服装材料与图案创意设计

学习目标：

1. 掌握服装材料创意设计基本知识。
2. 学会服装材料创意设计素材收集。
3. 学会服装材料创意设计应用。
4. 学会服装图案设计及应用。
5. 学会服装材料二次设计。
6. 能够用创意材料与图案表现不同的服装主题意境。

学习任务：

1. 服装材料创意设计基本知识。
2. 服装材料创意设计素材收集与应用。
3. 服装材料创意设计方法。
4. 服装图案设计与应用。
5. 服装材料二次设计。
6. 服装材料与图案创意设计表现。

任务分析：

1. 掌握服装面辅料的分类、种类、结构特征以及服装材料创意设计所针对的创意设计重点指向等相关知识。
2. 要求掌握服装创意材料素材收集的方法、渠道以及服装创意材料素材分析与提炼的方法。
3. 要求掌握服装材料加法设计、减法设计、加减法设计以及其他设计方法。
4. 要求掌握服装装饰纹样设计、表现手法以及其在服饰设计中的应用等方法。
5. 要求掌握在现有服装材料的基础上进行材料的二次设计。
6. 要求能利用服装材料的二次设计、服装图案设计等综合手段创意表现服装主题思想。

计划学时： 8学时

项目三　服装材料与图案创意设计

一、服装材料创意设计

（一）服装材料基本知识

1. **服装材料的定义与分类**

服装材料是指用于制作服装的各种材质用料，服装材料作为服装设计三要素之一，不仅可以诠释服装的风格和特性，而且直接左右服装的造型、色彩等效果。另外，服装材料还直接与企业的经济利益紧密联系在一起，同时也与市场和消费者关系紧密，是服装流行的基础要素。因此，在服装设计要素中，材料设计要素是最受企业重视和推崇的设计要素之一。

服装材料按照在服装中的用途可分为服装面料与服装辅料两大类。服装面料是指衣服表层的材料，主要有天然织物材料（棉、麻、毛、丝）、化纤织物材料、混纺织物材料、皮革、无纺织物等多种材料；服装辅料包括里布、衬料、填充料、扣合料、装饰辅料等材料。

服装材料按照加工原料可分为天然材料、化学材料、再生材料等。天然材料主要有天然织物材料和天然皮革、皮草等；化学材料一般有化学纤维材料，主要有涤、锦、腈、维、丙、氨、氯（纶）等化纤材料；再生材料主要指用天然聚合物为原料、经理化方法制成的新材料，如再生纤维素纤维和蛋白质纤维等。

服装材料按照材料工艺以及结构分为纤维面料及辅料、非纤维面料及辅料。服装面料按照织造方式可分为针织面料、机织面料、非织造面料等。

要做好服装材料创意设计，必须对服装材料作深入的了解，掌握服装材料的相关知识，建议进一步学习服装材料的有关知识。

2. **服装材料创意设计分类**

服装材料创意设计包含两个层面的设计，第一个层面是针对纺织企业开发新的服装面辅料；第二个层面是针对现有的服装材料进行再次设计或再造，也称服装面料的二次设计，它是服装设计的重要手段。在服装设计创作中对服装面料进行开发和创造，可以呈现多样化的服装表面特征，体现整体设计中的细节变化，大大地拓展了服装面料的运用范围。

（二）服装材料创意设计方法

服装的材料设计一般是在服装设计之前或在服装设计的过程中进行的，聪明的设计师不仅要精通服装选料技巧，还应掌握突破平淡、创造耳目一新效果的服装材料的创意设计方法。服装材料创意设计的方法很多，归纳有以下三类手法。

1. **加法设计**

所谓的加法设计是在固有设计元素的基础上通过增加设计元素数量来进行设计的方法，主要包括刺绣、缀珠、扎结绳、褶裥、各类手缝工艺等。

（1）刺绣。刺绣工艺种类繁多，有彩绣、网眼布绣、抽纱绣、镂空绣、贴布（拼布）

绣、褶饰绣、绳饰绣、饰带绣、珠绣、镜饰绣等。

①彩绣是我们最为熟悉、最具代表性的一种刺绣方法。其针法有300多种，在针与线的穿梭中形成点、线、面的变化，也可加入包芯，形成更具立体感的图案，如图3-1所示。

②网眼布绣是在网眼布上按照十字织纹镶出规则图案的刺绣方法，如图3-2所示。

图3-1　彩绣

图3-2　网眼布绣

③抽纱绣是将织物的经纱或纬纱抽去，对剩下的纱线进行各种缝合固定形成图案的技法。抽纱绣的方法大体可分为两类，一是只抽去织物的经或纬一个方向的纱线，称为直线抽纱；二是抽去经或纬两个方向的纱线，称为格子抽纱，如图3-3所示。

④镂空绣是在刺绣后将图案的局部切除，产生镂空效果的技术，如图3-4所示。

图3-3　抽纱绣

图3-4　镂空绣

　　⑤贴布（拼布）绣是在基布上将各种形状、色彩、质地、纹样的其他布组合的图案再贴合固定的技法。贴布绣还可以与其他刺绣技术结合起来，能给服装增添意想不到的效果，如图3-5所示。

　　⑥褶饰绣是用各种装饰和装饰针迹绣缝形成一定的衣褶形式的刺绣技法，如图3-6所示。

　　⑦绳饰绣是在布上镶嵌绳状饰物的技术，如图3-7所示。

　　⑧饰带绣是把带状织物装饰于服装上的技艺。有使用细而软的饰带进行刺绣的方法，也有将饰带折叠或伸缩成一定的造型镶嵌于衣物表面的方法，如图3-8所示。

图3-5　贴布（拼布）绣

图3-6　褶饰绣

图3-7　绳饰绣

图3-8　饰带绣

⑨珠绣是将各种珠子用线穿起来后钉在衣物上的技艺。要表现华贵和富丽，采用珠绣是最好的装饰手法，如图3-9所示。

⑩镜饰绣是将小镜片或金属亮片缝绣于衣物上的技艺，如图3-10所示。

图3-9 珠绣

图3-10 镜饰绣

（2）缀珠。缀珠是将各类的珠子穿成链子的形式悬挂于服装的需要部位，如图3-11所示。

（3）扎结绳。运用各种不同原料、粗细的绳子，通过各种扎、结的方式来达到设计的要求，如图3-12所示。

（4）褶裥。利用工艺手段和其他方法把面料部分抽紧或做整齐的裥，形成面料的松紧

图3-11 缀珠

图3-12 扎结绳

和起伏的效果，如图3-13所示。

（5）各类手缝。主要包括绗缝、皱缩缝、细褶缝、裥饰缝、装饰线迹接缝等。

①绗缝具有保温和装饰的双重功能。在两片面料之间加入填充物后绗线，产生浮雕图案效果。绗缝时可以在均匀填充絮添材料后进行，也可选择性地为了增加图案的立体效果在有图案的部位填充絮添材料，如图3-14所示。

图3-13　褶裥

图3-14　绗缝

②皱缩缝是将织物缝缩成褶皱的装饰技艺。现在皱缩缝常用来装饰袖口、肩部育克、腰带等，如图3-15所示。

③细褶缝是在薄软的织物上以一定的间隔，从正面或反面捏出细褶，表现立体浮雕图案的技艺，如图3-16所示。

图3-15　皱缩缝

图3-16　细褶缝

④裥饰缝就是将细密的阴裥、顺风裥排列整齐，以一定的间隔缉缝，横向用明线来固定褶裥，然后在横线之间重新叠缝裥面，使折痕竖起产生褶裥造型变化的装饰技艺。另外，还可在缉缝的横线上饰以刺绣针迹等，如图3-17所示。

⑤装饰线迹缝是用装饰线把服装的局部造型进行强调，形成具有装饰效果的线迹。主要用于服装分割线或重点设计部位的装饰，特别是在使用素色布料的情况下，能丰富织物的肌理变化，如图3-18所示。

图3-17　裥饰缝　　　　　　　　　　　　　　图3-18　装饰线迹缝

2.　减法设计

所谓的减法设计是在固有设计元素的基础上通过减少设计元素数量来进行设计的方法。服装材料减法设计包括镂空、手撕、烧花、撕破、磨损、腐蚀等。

（1）镂空。用剪刀在面料上剪出若干个需要的空洞以适应设计的需要，如图3-19所示。

（2）手撕。用手撕的方法做出材料随意的肌理效果，如图3-20所示。

（3）抽纱。依据设计图稿，将底布的经线或纬线酌情抽去，然后加以连缀，形成透空的装饰花纹，如图3-21所示。

（4）烧花。烧是利用烙铁或激光在面料或成衣上做出大小、形状各异的孔洞与图案。在面料处理时，利用烧花技法可以再造出既带有强烈的个人情感内涵，又独具美感和特色的材料，由这些面料制作的服装也更具个性和神采，如图3-22所示。

（5）磨损。利用水洗、砂洗、砂纸磨毛等手段，让面料产生磨旧的艺术风格，使其更加符合设计的主题或意境，如图3-23所示。

（6）腐蚀。利用化学药剂的腐蚀性能对面料的部分腐蚀破坏，再进行设计深加工，如图3-24所示。

图3-19　镂空　　　　　　　　　　　　　图3-20　手撕

图3-21　抽纱　　　　　　　　　　　　　图3-22　烧花

图3-23　磨损　　　　　　　　　　　　　图3-24　腐蚀

3. 加减法设计

加减法是在服装设计过程中既运用了加法设计又运用了减法设计,将加减法进行了综合设计运用,如图3-25所示。

图3-25 加减法设计

4. 其他设计手法

其他设计手法主要有印染、手绘、扎染、蜡染、数码喷绘以及跨界服装材料设计。

(1)印染。在轻薄的织物上制板印花,把设计者的创作意图直接印制在面料表面,具有独特的艺术效果,适合少量的时装手工印花,灵活且易于操作,如图3-26所示。

图3-26 印染

（2）手绘。运用毛笔、画笔等工具蘸取染料或丙烯涂料，按设计意图进行绘制，也可用隔离胶先将线条封住，待隔离胶干后，用染料在画面上分区域涂色，颜色可深可浅、可浓可淡，很有特色。手绘的优点是如绘画般地勾画和着色，对图案和色彩没有太多限制，但是不适合进行大面积着色，否则会变得僵硬。手绘一般在成衣上进行，如图3-27所示。

图3-27　手绘

（3）扎染、蜡染。扎染是一种先扎后染的防染工艺，通过捆扎、缝扎、折叠、遮盖等扎结手法，而使染料无法渗入到所扎布之中的一种工艺形式。蜡染是一种防染工艺，是通过将蜡融化后绘制在面料上封住布丝，从而起到防止染料浸入的一种形式，如图3-28、图3-29所示。

（4）数码喷绘。通过计算机进行设计图案，设计师可以随

图3-28　扎染

图3-29　蜡染

心所欲，充分体现设计师的个性，然后通过数码喷绘技术打印出来，其色彩丰富，可进行上万种颜色的高精细图案的印制，并且大大缩短了从设计到生产的时间，做到了单件个性化的生产，如图3-30所示。

图3-30　数码喷绘

（5）跨界服装材料设计（跨界、对立）。例如，女材男用、男材女用、非服装材料的设计运用、服装非传统创新材料的综合运用等，如图3-31所示。

图3-31　跨界材料

（6）服装材料二次设计。通过材料的一些特殊的工艺手法使材料从色泽、肌理和图案上获得极其丰富的视觉感受。服装材料的二次设计绝不是利用简单的工艺手段来表现独特的外观效果，更重要的是运用现代的造型观念和设计意图对主题的深化构思与创意表现。服装材料创意设计的原则是：注意市场的流行动态，以市场接受为原则，讲究形式美感即二次设计中的重复、韵律、节奏、平衡、特异、体积感、运动感、对比和协调等规律的运用，让消费者和设计师在新的面料刺激下产生愉悦的感觉，如图3-32～图3-36所示。

图3-32　重复、平衡、节奏

图3-33 特异　　　　　　　　　　　图3-34 节奏、韵律

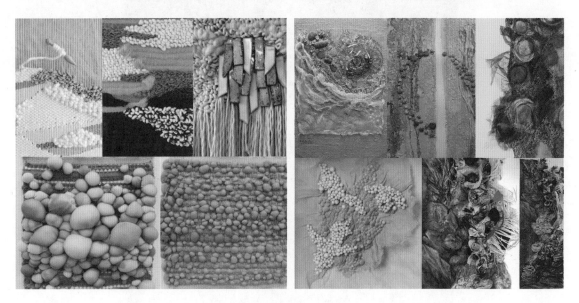

图3-35 体积　　　　　　　　　　　图3-36 肌理、对比、协调

二、服装图案创意设计

（一）服装图案基本知识

图案又称为纹样，是按形式美规律构成的某种或拟形、或变形、或对称、或均衡、或单独、或组合的具有一定程式和秩序感的图形纹样或表面装饰。服装图案是附着在服装材料上并着装于不同形态的人体上的纹样。

服装图案的分类方法很多，主要归纳几种常见的分类类型：按构成形式分为点状服饰纹样、线状服饰纹样、面状服饰纹样及综合式的服饰纹样；按工艺制作可分为印染服饰纹样、编织服饰纹样、拼贴服饰纹样、刺绣服饰纹样、手绘服饰纹样；按装饰部位可分为领部纹样、背部纹样、袖口纹样、前襟纹样、下摆纹样、裙边纹样等；按装饰衣物类型分为羊毛衫纹样、T恤纹样、旗袍纹样等；按着装者的类型分为男装纹样、女装纹样、童装纹样等；按题材可分为现代题材、传统题材或西方题材、抽象或具象题材等，如图3-37~图3-45所示。

图3-37 拼贴图案、编织图案

图3-38 镂空图案

图3-39　点图案

图3-40　线图案

图3-41　面图案

图3-42　几何图案

图3-43　自然图案

图3-44　民族图案

图3-45　前卫图案

（二）服装图案创意设计方法

服装图案设计形式有两种：一种是外在物的镶拼、挂缀图案纹饰；另一种是服装面料纹样的工艺装饰。服装图案设计的方法有：灵感法、联想法、模仿法、合成法、转换法、类比法、偶然法等。

（1）灵感法是一种凭借灵感设计的方法，通过素材积累和思维顿悟来创造新形态。

（2）联想法是通过事物联想产生新的形态方法，是锻炼人由此及彼的思考方法。

（3）模仿法是以原型为基础，通过思维的再创造，通过多次元的模仿，创造出的新形态。

（4）合成法是将两种及以上的事物或因素进行组合、融合、结合起来，形成新的事物的创造方法。

（5）转换法是指对参考对象的各个因素进行细致分析，掌握其规律特性，利用其他类似或相同因素的事物规律特征进行转换创造出的新形态。

（6）类比法是从与设计对象完全没有关系的事物中找出一些类似点引入设计，形成一些新的创造方法。

（7）偶然法通过提取自然界偶然形态或无意识的随性形态，并按照一定的图案设计形式创造出的新形态的方法。

三、项目实训

（一）实训项目任务及要求

1. 实训项目任务

（1）任务一：收集服装创意材料设计素材，要求按照加法设计、减法设计、加减法设计、其他方法设计、图案设计进行图片分类，每种类型服装图片收集20~50款，并用PPT分类展示；要求收集各种创意新材料10~20种，选择其中几种材料尝试应用于服装设计当中，并绘制设计草图。

（2）任务二：选择一种服装材料或旧服装，利用服装材料设计手法对其进行二次创意设计，完成面料改造设计或旧服装改造设计。

（3）任务三：选择"都市丽人""时光校园""韩风日流""民族风情""淑女窈窕""记忆乡情""解码朋克""臻美简约"等任意一种风格主题，搜集与主题相关的服装材料设计素材，从素材中提取相关设计元素，设计体现主题风格系列（3~5款）创意服装，并绘制设计效果图与款式图。

2. 实训目的及要求

通过服装创意材料设计素材收集和服装材料元素的提取应用，强化对服装材料的认知；通过对服装材料的二次再设计，掌握服装材料创意设计的方法；通过主题系列服装材料的创意设计训练，掌握利用服装材料表现设计主题的方法。可根据具体课时安排选择任务一、任务二中的任意实训任务，剩余实训任务作为课后训练作业完成。要求重点完成实训项目任务三。

3. 学时计划

计划学时：8学时。其中：任务一2学时；任务二2学时；任务三4学时。

4. 实训条件

（1）硬件：服装材料素材、计算机、图像设计软件、服装网站等。

（2）场室要求：网络、计算机、设计平台等。

（二）实训项目任务指导

1. 任务一

（1）收集服装创意材料设计素材。通过各种网络和去服装材料市场等渠道收集服装创意材料设计素材。

（2）将收集的服装创意材料设计素材按照加法设计、减法设计、加减法设计、其他方法设计、图案设计进行素材分类。

（3）从收集的服装创意材料设计素材中选择几种创意新材料，根据新材料的风格定位，应用于服装设计款式面料搭配之中。

（4）进行服装材料搭配效果草图绘制。

2. 任务二

（1）选择一种服装材料或选择一件旧服装。

（2）根据现有的服装材料或旧服装，拟订要进行创意设计表现的主题风格，确定设计思维方向，然后收集与主题相关的设计素材，从素材中提取设计元素，并进一步将设计元素进行重构，形成新的材质造型形态。

（3）利用材料设计的加法设计、减法设计、加减法设计、其他方法设计、图案设计等材料的二次创意设计方法，综合表现新的材质造型。

（4）根据服装主题风格，调整材料再造设计的整体效果，最终实现风格与主题方向的相互吻合。

3. 任务三

（1）选择"都市丽人""时光校园""韩风日流""民族风情""淑女窈窕""记忆乡情""解码朋克""臻美简约"等任意一种主题，针对主题意境，展开联想，确定主题方向与主题关联的思维要点，绘制思维导图，确定设计素材的收集方向。

（2）根据素材收集方向，利用各种素材收集渠道，展开素材收集。

（3）针对收集的服装设计素材，提取能够体现服装主题风格特征的元素，并从素材中提取相关设计元素，并筛选确定提取的设计元素。

（4）针对提取的设计元素利用设计形式美手法重点作进一步的材料再造设计，完成与主题风格相统一的服装材料设计重构。

（5）根据服装主题风格，设计系列创意服装，并将设计重构的服装再造材料应用到服装款式面料搭配之中。

（6）绘制完成服装设计效果图与款式图。

（三）实训项目考核评价

1. 考核评价方式

教师评价和学生互评结合。本项目考核成绩计算方式：项目成绩=任务一成绩×20%+任务二成绩×20%+任务三成绩×60%。

2. 考核评价标准

每个实训任务按照100分制计算，其中，任务总体完成情况占比40%，任务完成效果与质量占比60%。

考核评价表

实训项目任务	任务总体完成情况（40分）		任务完成效果与质量（60分）	
	任务时效	任务作业完整性	主题关联性	美观创意性
任务一	10分	30分	20分	40分
任务二	10分	30分	20分	40分
任务三	10分	30分	20分	40分

项目四　服装设计风格

项目四　服装设计风格

一、服装风格

（一）服装风格概念

服装风格指一个时代、一个民族、一个流派或一个人的服装在形式和内容方面所显示出来的价值取向、内在品格和艺术特色。服装设计追求的境界说到底是风格的定位和设计，服装风格表现了设计师独特的创作思想、艺术追求，也反映了鲜明的时代特色。

服装风格所反映的客观内容主要包括三个方面：一是时代特色、社会面貌及民族传统；二是材料、技术的最新特点和审美的可能性；三是服装的功能性与艺术性的结合。服装风格应该反映时代的社会面貌，在一个时代的潮流下，设计师们各有独特的创作天地，能够形成百花齐放的繁荣局面。

（二）服装风格类型

服装风格的类型很多，总体上可以分为民族类、历史类、艺术类、后现代思潮类等几大类型。

1. 民族类服装风格

民族类风格是吸取了中外民族、民俗服饰元素所设计的具有复古气息的服装风格。生活在世界上不同国家、不同地区的许多民族，在长期的历史过程中逐渐形成了具有各自特点的服饰形式，这种服饰形式具有浓郁的地方特色和民族风格，如中式风格、日式风格、波西米亚（吉普赛）风格、非洲风格、印第安风格、西部牛仔风格。

（1）中式风格。包括纯民族盛装华服、演出服饰、符合日常穿着的改良民族服装和含民族元素的服装。服装以绣花、蓝印花、蜡染、扎染为主要工艺，面料一般为棉、麻，款式上具有民族特征，或者在细节上带有民族风格。目前流行的经典唐装、旗袍、改良民族服装等是主流民族服装款式，当然还包括少数民族服装，如图4-1所示。

（2）日式风格。日式服饰力图在人体周围营造空间，和服是日本的传统服饰，没有扣子，使用腰带固定。腰带种类、图案丰富、打结的方法也有很多，常见的是太鼓

图4-1　中式民族风格服饰

结，也就是我们常见的背后方盒子。在正式场合穿的称为访问和服，服装上的图案多为一整幅画；小纹和服是日常服，比访问和服休闲一些，图案以小碎花、小格子为主，也可用于半正式场合的约会。素色和服是单色的，为日常便装，黑色和服则是正式服装。男子和服比较单一，正式场合穿着黑色，在和服外加一件外套。木屐深受日本人喜爱，搭配和服穿着，有丫形的带子，夹在大脚趾和二脚趾之间，还有专门与这种鞋相配的袜子，大脚趾与其他部分分开。虽然穿这种鞋子走不快，但刚好可以配合和服的优雅之美，如图4-2所示。

图4-2 日式风格服饰

（3）波西米亚（吉普赛）风格。波西米亚原为Bohemian，原意指豪放的吉卜赛人和颓废派的文化人。追求自由的波希米亚人，在浪迹天涯的旅途中形成了自己的生活哲学。波希米亚风格不仅是包含流苏、褶皱、大摆裙的流行服饰，更成为自由洒脱、热情奔放的代名词。波西米亚风格保留着某种游牧民族的服装特色，其特点是鲜艳的手工装饰和粗犷厚重的面料，常运用撞色取得效果，如宝蓝与金啡，中灰与粉红等；一般比例不均衡，剪裁有哥特式的繁复，注重领口和腰部设计，如图4-3所示。

图4-3 波西米亚（吉普赛）风格服饰

（4）非洲风格。单纯与简单是生活在非洲的土著居民的服饰特点，炎热的气候使服装款式简化到极致，一望无际的沙漠环境使穿着者渴望所有原始纯粹的颜色，利用自然赐予的材质装扮自己。虽没有华贵的金银饰品，但古朴无华。外轮廓造型以包缠围绕方式为主；款式包含悬挂包缠式连衣裙、抹胸与胸罩式上衣、单肩背心、一片式叠裙、男士兜裆裤、长条碎布或羽毛串饰的围裙等；细节与工艺采用最原始的立体剪裁法、突出随意而自然的褶皱、切割粗糙的毛衣与皮革边缘、动物尾巴制成的装饰、手工制品等；色彩以白色、绿色、土红、土黄、咖啡、熟褐为主，同时会装饰原始的壁画图案，如古老的文字、符号图案、单线条的动植物图案、几何图案、蜡染等手工印染图案；面料主要是手工制造的棉麻织物、野生动物毛皮、皮革，如图4-4所示。

图4-4 非洲风格服饰

（5）印第安风格。印第安风格服饰主要来源于自然。其花纹表现部族的崇尚和标识，极为美观。阿拉斯加印第安人的服饰图案有形态逼真的鱼类、走兽和飞鸟、羽毛等，特别是表现蓝鲸的生动形态。最引人注目的是印第安人的披肩和披毯，虽然手工粗糙，但其图案别具匠心，不仅色彩搭配奇特，图案也表现了浓厚的生活气息，如羚羊、梅花鹿形象等，呼之欲出，如图4-5所示。

（6）西部牛仔风格。西部牛仔风格的衣帽和饰品，粗犷、豪放再加点"流浪"风格。而那些草帽、链饰更是将流浪者的粗犷豪放演绎得淋漓尽致，如图4-6所示。

图4-5 印第安风格服饰

图4-6 西部牛仔风格服饰

2. 历史类服装风格

历史类风格服装设计是根据历史的渊源分类，大致包括以下几种：

（1）古希腊风格。古希腊的服饰多采用不经裁剪或缝合的矩形面料，通过在人体上披挂、缠绕、别饰针、系带等基本方式，形成了"无形之形"的特殊服装风貌，其样式主要有

图4-7　古希腊风格服饰

多立安旗同（Doric chiton）、爱奥尼亚旗同（Ioric chiton）、克莱米斯（Chlamys）、佩普罗斯（Peplos）、希马申（Himation）、克莱米顿（Chlamydon）等。其中又可划分为披挂型和缠绕型两大基本类型：前者以"旗同"为代表；后者以"希马申"为典型。披挂型的服装主要借助于饰针和绳带，将矩形的面料固定在人体的肩部、胸部、腰部等关键结构部位，使宽大的面料收缩，形成自然下垂的褶，人体在自然的服装中若隐若现，服装被赋予了一种生动的神采。不仅如此，绳带使用的根数、在服装上系束的位置和方式，以及褶在人体上的聚散分布，可随穿着者的审美心愿和不同的穿着需求，进行自由地调节和变化，使其呈现出灵动的个性。缠绕型的服装主要依赖面料在人体上的围裹，形成延续不断、自由流动的褶，围裹的方式不同，所形成的款式也各异。同样，随意、自然、富于变化也是这类服装的重要特点，如图4-7所示。

（2）中世纪风格。中世纪时期，西欧男女服装的性别差越来越明显。在中世纪以前，如希腊—罗马文化中，不论男女都是身上裹块布，用别针之类的固定，其衣服差别不是很大。纽扣的出现可能是男女服装差异变大的一个原因。因为有了纽扣，就出现了合身的制衣板型，现代西方服装的原型差不多是那个时候出现的。然后又由于常年的战争，男性的衣服从士兵的铠甲上获得了灵感，上衣变得越来越短。哥特时代初期还是长袍，到了后期，男性的衣服已经短到遮不住臀部，下身则是穿着贴着大腿的像连裤袜但裆部又没有缝合的袜子一样的下装，如图4-8所示。

（3）巴洛克风格。巴洛克一词源于葡萄牙语"Barroco"，本意是有瑕疵的珍珠，引申为畸形的、不合常规的事物，而在艺术史上却代表一种风格。这种风格的特点是气势雄伟，有动态感，注重光影效果，营造紧张气氛，表现各种强烈的感情。巴洛克艺术追求强烈的感官刺激，在形式上表现出怪异与荒诞，豪华与矫饰的现象。在音乐、雕刻、绘画与服饰上都以华美的色彩和众多的曲线增加世俗感和人情味，一反以前灰暗而直板的艺术风格，把关注的目光从人体转移到人与自然的联系上。巴洛克艺术改变了文艺复兴时期的艺术形式和表现手法，很快形成17世纪的风尚。巴洛克时期的服饰具有浮华矫饰的风格，尤其在男装上极尽夸张雕琢之能事。服装史将这一时期划分为两个阶段，前半阶段以荷兰风格为主，在整体上注重肥大松散的造型，色彩以暗色调为主体，配白色花边和袖口，以求醒目。男服采用无力的垂领，肥大短裤，水桶形靴，衣领、袖口、上衣和裤的缘边、帽子以及靴的内侧露出很多缎带和花边。后期以法国宫廷风格为主，盛行于欧洲。短上衣与裙裤组成套装，袖口露出衬衫，裤腰、下摆及其他连接处饰以缎带，在宽幅褶子的帽上装有羽毛。而女子服装先有重叠裙，后有敞胸服，并饰以花边，体现出女性的纤细与优美。巴洛克服饰在造型上强调曲线，

图4-8 中世纪风格服饰

装饰上较为华丽。女装中最突出的是改变了以前过度夸张的形式，摒弃了裙撑，腰线上移，有明显的收腰，把女性身材勾勒得平缓、柔和而自然。最大的特点是大量褶皱和花边以及无数的花饰。其必要元素包括夸张、浪漫、抽绳、混搭、褶皱、花朵、水晶、繁复、蕾丝、花边、复古、束腰、花等，如图4-9所示。

（4）洛可可风格。从词源来看，Rococo 一词与法语Rocaille（岩状饰物）相关，由此引申洛可可指在室内装饰、建筑到绘画、雕刻以至家具、陶瓷、染织、服装等各方面的一种流行的艺术风格。洛可可的另一种解释，意指路易十四至路易十五早期奇异的装饰、风格和设计。有人将洛可可与意大利巴洛克相关联，把这种奇异的洛可可风格看成是巴洛克风格的晚期，即巴洛克的瓦解和颓废阶段。

洛可可服装的显著特点是柔媚细腻、纤弱柔和，整个服装风格趋于柔美化、繁复化。在服装中大量运用夸张的造型、柔和艳丽的色彩以及自然

图4-9 巴洛克风格服饰

形态的装饰，给人以奢华浪漫的视觉效果。洛可可时期色彩常用白色、金色、粉红、粉绿、淡黄等娇嫩的颜色。服装造型上充分突出女性的性感，强调胸、腰、腹，塑造纤细柔弱的女性形象。如果说巴罗克时期是男人的世界，那么洛可可时期则是女人的世界。因此，洛可可样式集中表现在女服上。女性是这个时代沙龙的中心，是供男性观赏和追求的"艺术品"。这样的社会环境将使女装的外在形式美（人工美）因素发展到登峰造极的地步。其女装的特点就是Corset+Pannier（紧身胸衣+裙撑），洛可可的纹样造型多不均衡、不对称，带有反秩序、反常规的装饰倾向。巴罗克风格服装与洛可可服装的区别是：巴罗克风格服装是以宫廷为背景，突出男性的气势雄伟且装饰过剩，富动感，注重光影效果，盛行于17世纪；洛可可风格服装是以资产阶级沙龙文化为背景，突出女性的柔美曲线，华丽、繁复、纤弱，盛行于18世纪，如图4-10所示。

图4-10 洛可可风格服饰

（5）帝国风格。源于Empire Style，是拿破仑帝国的官方艺术风格，非常强调帝权象征。颜色以红色与金色搭配为主，交织出金碧辉煌的效果。19世纪拿破仑一世时期的服装是新古典主义的典型映射，女装塑造出类似拉长的古典雕塑的理想形象。及乳的高腰设计，具有明显转折的坦领、短袖，裙长及地，用料轻薄、柔软，色彩素雅，装饰较少。裙装自然下垂形成丰富的垂褶，对于人体感的强调与古希腊服装非常相似。裙以单层为主，后又出现采用不同衣料、不同颜色的装饰性强的双重裙，并把前中或后身敞开，露出内裙。男装趋向简洁和整肃，如图4-11所示。

图4-11　帝国风格服饰

（6）爱德华时代风格。又称维多利亚风格，指1837～1901年间，英国维多利亚女王在位期间的服饰风格。该时代女性的服饰特点是大量运用蕾丝、细纱、荷叶边、缎带、蝴蝶结、多层次的蛋糕裁剪、折皱、抽褶等元素，以及立领、高腰、公主袖、羊腿袖等宫廷款式。随着复古风潮的盛行，这股华丽而又含蓄的柔美风格，正带给我们耳目一新的感觉。关键材质：蕾丝、荷叶边、包纽、蝴蝶结；关键款式：立领、羊腿袖、泡泡袖、灯笼袖、羊腿袖、高腰、抓褶，如图4-12所示。

3. 艺术类服装风格

借鉴艺术风格的分类方法进行服装风格分类，从艺术风格的角度可分为以下几种：

（1）超现实主义风格（抽象派艺术）。超现实主义艺术风格起源于20世纪20年代的法国，是受弗洛伊德的精神分析学和潜意识心理学理论的影响而发展起来的。超现实主义的艺术家们主张"精神的自动性"，提倡不接受任何逻辑的束缚，非自然合理的存在，梦境与现实的混乱，甚至是一种矛盾冲突的组合。他们主张写作要绝对真实，是纯粹的无意识的活动过程，不需有艺术加工和任何逻辑思维的形式。

这种任由想象的模式深深影响着服装领域，带动出一种史无前例、强调创意性的设计理念。超现实主义画家们最关注的是人体及其局部，而作为遮盖人体艺术的时装，设计师们寻找各种方法再现人体之美。伊夫·圣·洛朗（Yves Saint Laurent）推出的金黄胸铠圆满地表达了强调人体的惊人效果。20世纪30年代的设计师艾尔萨·夏帕瑞丽（Elsa Schiaparelli）是把

图4-12　爱德华时代风格服饰

超现实主义用到时装上最成功的设计师。她的超现实主义饰品，各种装饰性极强的纽扣及幽默的风格，形成一种丑陋的雅致。她和云集巴黎的艺术家们都保持着深厚的友谊，加布里埃尔·皮卡比亚为她画效果图和设计晚装图案，另一位设计师和她过往甚密，常为她设计刺绣花样和印花图案，这使得其服装更具有趣味性。北非风格的设计，蝴蝶、龙虾等图案的应用也成为她的标志。她的很多作品都成为后来者眼里的超现实主义风格的典范。20世纪80年代中期，超现实主义艺术风格一度成为服装设计中的潮流。在1983～1984年间，超现实主义时装获得了全面复兴；卡尔·拉格菲尔德、让·保罗·戈尔捷等设计师均有精彩作品，他们的作品如一幅超现实主义的绘画一样，构成元素来自于现实世界，但是呈现出来的却是几乎令现实不敢接受的超现实主义风格。

在今天的服装艺术中，超现实主义已经成为较常用的对于某种风格的形容，很多摆脱设计常规的服装均可以归类于该风格。超现实主义风格对于艺术创意服装、个性服装的设计具有重要影响。尤其是现代时尚人士，越来越多地把超现实主义体现在穿着上，超现实主义通过服装形式得到广泛传播，使得现代艺术和服装的结合日益紧密，如图4-13所示。

（2）波普艺术风格。波普艺术风格又称流行风格，来自英文Pop，即大众化，最早起源于英国。第二次世界大战以后出生的一代，对于风格单调、冷漠、缺乏人情味的现代主义、国际主义设计十分反感，认为是陈旧的、过时的观念的体现，他们希望有新的设计风格来体现新的消费观念、新的文化认同立场、新的自我表现中心，于是在英国青年设计家中出现了波普设计运动。

图4-13 超现实主义风格服饰

波普设计运动产生的思想动机来源于美国的大众文化，包括好莱坞电影、摇滚乐、消费文化等。英国的波普运动由于受艺术创作上的影响很快发展起来。波普风格主要体现在与青年人有关的生活用品等方面，如古怪家具、迷你裙、流行音乐会等，追求大众化、通俗化的趣味，在设计中强调新奇与独特，采用强烈的色彩。这些设计都具有游戏色彩，有一种玩世不恭的青少年心理特点，好似流行歌曲一样，以其灵活性与可消费性走出英国，进而成为一场世界性的设计运动。

波普风格代表20世纪60年代工业设计追求形式上的异化及娱乐化的表现主义倾向，是一场广泛的艺术运动，反映了战后成长起来的青年一代的社会与文化价值观，力图表现自我，追求标新立异的心理。

从设计上说，波普风格并不是一种单纯的、一致性的风格，而是各种风格的混合，追求大众化下的、通俗的趣味，反对现代主义自命不凡的清高，如图4-14所示。

（3）欧普艺术风格。欧普艺术风格源于20世纪60年代的欧美"Optical"，意思是视觉上的光学。欧普艺术所指代的是利用人类视觉上的错视所绘制而成的绘画艺术，因此又被称作"视觉效应艺术"或者"光效应艺术"。文化衫是利用人类视觉上的错视所绘制而成的绘画艺术，它主要采用黑白或者彩色几何形体复杂的排列、对比、交错和重叠等手法，造成各种形状和色彩的骚动，产生有节奏的或变化不定的活动的感觉，给人以视觉错乱的印象。欧普艺术下的服装服饰，按照一定的规律给人以视觉的动感，如图4-15所示。

（4）太空风格。20世纪50年代末，人类进入了太空时代。1957年10月4日，苏联发射的人

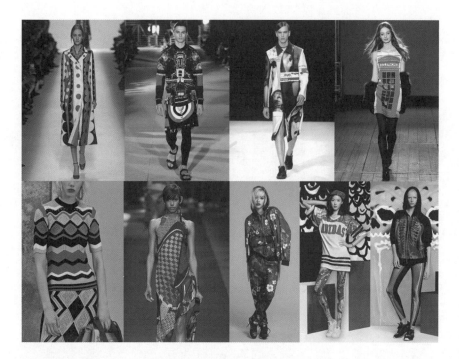

图4-14　波普艺术风格服饰

图4-15　欧普艺术风格服饰

造卫星，吹响了人类进军太空的号角。1961年4月，苏联宇航员加加林乘坐东方1号宇宙飞船进入太空，完成了人类历史上首次载人宇宙飞行。1969年7月20日，美国宇航员阿姆斯特朗和奥尔德林乘坐阿波罗11号宇宙飞船首次成功登上月球。在服装上，紧身超短裙、筒靴、头盔成为太空风貌的基本元素，这些装扮成同手同脚行走的机器人形象设计在当时风行一时。在款式和细节处理上，太空风格带有中性倾向，这种中性感超越了男女范畴，是外化的性别，给人以想象的空间。外形简练，无视女性曲线；造型多为茧形、箱形、A形、气球形等。太空风格女装设计脱离了现实的审美思考，突出了时空错乱感和虚幻效果，塑造了强悍和刚性的气质。受当时潮流的影响，太空风格款式简洁，基本忽略细节。设计注重块面分割，以直线和几何线条为主，上身以体现块面结构为主，下装包括直身裤装、短裙。例如，线条简洁的短夹克，连身短裙和套装配短裙以及灵感来源于宇航员装备的连体服。在色彩上，象征银河飘渺虚幻感的金色和银色是表现太空风格的主要色彩，银色是20世纪60年代的流行主色。此外无彩色也很适合，由于有黑洞现象，黑、白、灰的搭配能让人将其与宇宙联想在一起。图案主要是太空宇宙图案，包括太阳系行星、宇宙生命、天文星座、飞碟、太空船等，图案的造型有相当的想象力。在材质上，传统的面料在风格塑造上显得格格不入，而PU革、金属片、塑料、尼龙、涂层等具有冰冷、神秘感觉面料，因此较适合太空风格的表现。此外，也包括追求表面光泽效果的材质，如PVC、树脂、聚酯等高科技面料，如图4-16所示。

图4-16　太空风格服饰

（5）洛丽塔风格。洛丽塔英文Lolita一词源自俄裔美籍著名作家纳博可夫于1955年出版的小说Lolita，后被史丹利·寇比力克（Stanley Kubeick）改编成同名电影《一树梨花压海棠》，描述一位中年教授与12岁少女的不伦恋情，女主角名叫Lolita。1997年，电影Lolita被重拍，在日本大受欢迎，原宿街头开始兴起宫廷娃娃的时装潮流。自此，日本人将Lolita衍生成为天真可爱少女的代名词，把14岁以下的女孩称为"Lolita代"，简称为"Loli"。洛丽塔服装大致起源于17世纪贵族间兴起的维多利亚风。在英国女皇维多利亚的引导下，当时流行大量的蕾丝花边、缎带、蝴蝶结和束腰设计，展现了十足的女性特质，塑造出高贵典雅的形象。洛丽塔风格包括甜美洛丽塔、黑色洛丽塔、田园洛丽塔、古典洛丽塔、哥特洛丽塔几种类型，如图4-17所示。

图4-17　洛丽塔风格服饰

图4-18　田园风格服饰

（6）田园风格。田园风格多指一种大众装修风格，其主旨是通过装饰、装修表现出田园的气息。这里的田园是一种贴近自然、向往自然的风格，分为中式田园风格、欧式田园风格、美式田园风格、南亚田园风格等。而田园风格服装的元素多为碎花、草编、花边，其服装大量使用小碎花图案的各种布艺，特点是回归自然，给人一种扑面而来的浓郁田园气息，拥有时尚的返璞归真的味道，如图4-18所示。

4. 后现代思潮类服装风格

（1）朋克风格。兴起于20

世纪70年代的一种反摇滚的音乐力量，后形成了一种服装风格。早期朋克的典型装扮是用发胶胶起头发，穿一条窄身牛仔裤，加上一件不扣纽的白衬衣，戴上一个耳机连着别在腰间的随声听（Walkman）。进入20世纪90年代以后，时装界出现了后朋克风潮，它的主要风格是鲜艳、破烂、简洁、金属。朋克常采用的图案装饰有骷髅、皇冠、英文字母等，在制作时，常镶嵌闪亮的水钻或亮片，展现了一种另类的华丽之风。朋克虽然华丽，甚至有些花哨，但整个服装色调是十分统一的。其装束的色彩运用通常也很固定，如红黑、全黑、红白、蓝白、黄绿、红绿、黑白等，最常见的是红黑搭配，制作得也很精致，在这点上即可区分于嬉皮。嬉皮比较粗犷、疯狂，没有朋克的细致和精雕细啄。朋克另外一个特征是服装具有破碎感和金属感，其服装系列多喜好使用大型金属别针、吊链、裤链等比较显眼的金属制品进行装饰，尤其常见的是将服装故意撕碎和破坏的地方用链条连接，如图4-19所示。

图4-19 朋克风格服饰

（2）戏拟风格。人物表现出扭曲变形，常常以自我戏拟形式出现，反讽和认同荒谬的社会现实生活，表现出自嘲、沉默、颓废、反英雄的特征。文学的主体已经消失，人不再有主体意识可言，如图4-20所示。

图4-20　戏拟风格服饰

（3）解构主义风格。解构主义是在20世纪人类哲学、科学、社会领域所发生的深刻变化中出现的。法国哲学家德里达是20世纪后半期解构主义思潮的代表人物，他的基本立场是宣扬自由与活力、反对秩序与僵化、强调多元化的差异、反对一元中心和二元对抗，进而反对权威、反对对理性的崇拜。解构主义认为二元对抗是狭隘的思维，认为既然差异无处不在，就应该以多元的开放心态去容纳。在对待传统的问题上，解构主义并不是像某些人认为的那样，是一种砸烂一切的学说，恰恰相反，解构主义相信传统是无法砸烂的，后人应该不断地用新的眼光去解读。解构主义的出现略早于后现代主义设计思潮的形成，但二者流行的历史时期几乎是同时代的，在意识形态上二者也有许多相似之处，如图4-21所示。

图4-21　解构风格服装

（4）混搭风格。混搭一般为实用的单件服饰与其他款式、颜色的服饰搭配产生的效果。一般选择比较基本的、经典的样式或颜色。例如，纯色系服装、牛仔裤等。但混搭不意味着混乱。把许多个风格迥异、材质不同的东西放在一起，能有成千上万次的排列组合，非常考量每个人的审美和耐心。"混搭"时要避免主调不明、色彩太多、配饰太杂等的问题，如图4-22所示。

图4-22　混搭风格服装

（5）内衣外穿服装风格。卡尔文·克莱恩这几年先后流行的内衣外穿、New Length（新长度）及膝裙不对称裙摆等都是由Calvin Klein率先推出的，他的设计对时装买家来说就是畅销和流行的保证Calvin Klein相信未来的时装会越来越趋于休闲式的优雅，以在清爽、简单的轮廓中凸显身材优点为主。内衣外穿是一种穿衣风格，是以内衣特征设计为外衣的穿着风貌。主要表现为胸衣、花边内裤被用于外衣组合中，或作为外衣的构成元素，给人以特殊的印象。现在在许多大牌成衣中内衣外穿已经成为一种运用非常普遍的设计因素，如图4-23所示。

图4-23　内衣外穿风格服装

5. 其他类型服装风格

服装风格除了以上四大类型外，还有一些其他风格，如前卫风格、韩式风格、百搭风格、淑女风格、学院风格、中性风格、通勤风格、运动风格、OL风格等。

二、服装设计风格

服装设计风格是指通过服装款式、色彩、材料工艺等造型设计手法营造的服装精神、品位和个性，使人们内心对它产生与某种风格特征相吻合的印象。服装设计风格与企业的产品定位息息相关，也跟设计师的设计风格密切相关，不同品牌的产品，设计风格千变万化。而同一品牌，为了迎合不同的消费群体，企业也会推出不同风格的设计产品，根据流行趋势推出不同设计风格的产品，有的具有历史渊源，有的具有地域渊源，有的具有文化渊源，以适合不同的穿着场所、不同的穿着群体、不同的穿着方式，展现出不同的个性魅力。

三、服装设计风格塑造与转化

（一）服装设计风格塑造

服装设计风格塑造主要通过服装造型（廓型和结构）、色彩、材料（质感与肌理）以及服装纹样装饰等设计手段来营造的。不同的服装风格塑造手法存在一定的差异，需要根据具体的服装风格定位与风格特征来确立在造型、色彩、材料以及图案装饰等方面的塑造手法。通常的设计塑造手法是通过挖掘要表现的风格共性特征，根据风格代表性的造型形态、色彩形式、材料特性、符号性图形以及装饰纹样来进行塑造。另外，也可以通过与主题风格相关联的各种元素创新组合的方式来塑造，如图4-24所示。

图4-24　主题关联设计

（二）服装设计风格转化

服装设计风格可以相互转化，转化的方式主要有造型风格转化、色彩风格转化、材质风格转化、图案纹样风格转化、综合要素风格转化。

1. 造型风格转化

造型风格转化是着重将服装廓型和结构朝目标风格靠近的转化形式。例如，简约风格向浪漫风格转化时，简约风格讲究服装廓型和结构，整体造型简洁利落，线形自然流畅，结构合体，服装部件与分割少；而浪漫风格服装造型大多精致奇特，局部处理别致细腻，因此在转时时，廓型上加强创意感，在结构与工艺细节上增加精致的浪漫装饰元素。

2. 色彩风格转化

色彩风格转化主要是将服装色彩朝目标风格的意境靠近或通过色彩搭配塑造服装风格特征的转化方法。例如，都市风格转化为田园风格，都市风格服装多用黑、白、灰等中间色为基色调，通过色块来表现内涵，而田园风格服装以自然生物色彩为基色调，色彩丰富绚丽，两者转化时需要在中间色调的基础上增加一些自然生物色彩，提高色彩的明度和纯度。

3. 材质风格转化

材质风格转化是利用服装面料材质同目标风格特征呼应的转化方法，通过改变服装面料材质来营造服装风格特征。例如，休闲风格转化前卫风格，休闲风格服装材料一般采用棉、麻、雪纺、纱、汗布、蕾丝、牛仔布、丝绸等表面肌理粗犷的材料，而前卫风格服装保留了部分传统服装材料，主要通过后期再造，增加新潮、自然、高科技（光泽性强的材质）面料或选取残旧、破损、刀割、烧花的后期处理手法，搭配繁多无序、杂乱有章、不失美感，充满创意、新颖、独特的视觉的材质上效果。

4. 图案纹样风格转化

图案纹样风格转化指通过服装装饰纹样变化实现目标风格特征的转化手法。图案纹样转化是最能塑造风格特征的转化形式，抓住转化的目标风格特征，利用与之呼应的图案纹样来装饰能够准确直观地塑造服装的风格特征。

5. 综合要素风格转化

综合要素风格转化是同时采用多种风格转化手法综合进行转化的手法，目标风格转化有时需要同时采取多种手法进行转化，可以根据目标风格特征，在服装造型、服装色彩、服装材质、图案纹样等方面共同进行转化，注意在转化过程中要把握好风格转化的主次关系，有所取舍。

四、项目实训

（一）实训项目任务及要求

1. 实训项目任务

（1）任务一：收集服装风格素材，要求按照民族类服装风格、历史类服装风格、艺术类服装风格、后现代思潮类服装风格、其他类型风格进行分类，每种类型风格服装收集10~20款，并分析其服装主要的特征和设计手法，并用PPT分类展示。

（2）任务二：选择任意一种风格主题，拟订一主题名称，搜集主题风格相关联的服装设计素材，从素材中提取相关设计元素，设计系列（3~5款）主题风格服装，并绘制设计效果图与款式图。

2. 实训目的及要求

通过服装设计风格素材收集与服装风格素材分析，强化对服装风格特征的认知；通过服装风格设计转化训练，掌握服装风格设计转化的方法。任务一要求完成大量服装风格图片素材收集，并能分类概括不同类型风格服装的主要特征和设计常用的表现手法；任务二要求重点完成系列主题风格服装的设计。

3．学时计划

计划学时：8学时。其中：任务一4学时；任务二4学时。

4．实训条件

（1）硬件：计算机、图像设计软件、服装网站等。

（2）场室要求：网络、计算机、设计平台等。

（二）实训项目任务指导

1．任务一

（1）收集服装风格素材。通过网络按照各类服装风格分类收集服装素材图片。

（2）分析素材图中每一种服装风格类型的特征和设计手法，用文字进行概括说明。

（3）将收集的服装风格图片按类型特征制作PPT展示文档。

2．任务二

（1）任意选择一种主题风格，明确产品设计定位，如产品对象如年龄、性别、职业、场合、档次价格等。

（2）根据选定的主题风格以及产品设计定位方向，确定设计主题名称，收集设计素材，主要收集与主题风格相关联的各种素材。

（3）分析整理素材，提取主题风格关联设计元素，进一步丰富关联设计元素，研究各种设计元素在服装中可能的应用形式，并进行草图构思。

（4）结合流行趋势（流行色彩、流行廓型、流行面料、流行纹样）拓展设计元素的应用形式和结合流行的方式。

（5）根据构思草图完善服装款式与结构设计，进一步拓展风格系列款式设计，确定设计元素在系列服装中的应用以及表现方式。

（6）利用计算机绘制服装系列设计效果图与款式图，完成系列主题风格服装的设计表现。

（三）实训项目考核评价

1．考核评价方式

教师评价和学生互评结合。本项目考核成绩计算方式：项目成绩=任务一成绩×40%+任务二成绩×60%。

2．考核评价标准

每个实训任务按照100分制计算，其中，任务总体完成情况占比40%，任务完成效果与质量占比60%。

考核评价表

实训任务	任务总体完成情况（40分）		任务完成效果与质量（60分）	
	任务时效	任务作业完整性	主题关联性	美观创意性
任务一	10分	30分	20分	40分
任务二	10分	30分	20分	40分

模块二　服装专题设计实践

项目五　女装专题设计

学习目标:

1. 熟悉女装的特点,女装设计的有关要求。
2. 掌握女装设计的程序与设计方法。
3. 掌握女装设计调研、设计素材收集与整理的方法。
4. 掌握女装创意设计思维的方法和创意灵感设计转化。
5. 能设计表现系列创意女装。

学习任务:

1. 女装设计基本知识。
2. 女装设计程序与方法。
3. 女装设计调研、设计素材收集与整理。
4. 女装创意设计思维及设计灵感转化。
5. 女装创意系列设计。

任务分析:

1. 掌握女装的基本类型及特点、女装设计的要点。
2. 熟悉企业女装设计的基本流程、设计采用的方法和技巧。
3. 根据女装设计定位针对性开展的市场调研和设计素材的收集与整理实践,要求通过项目实践,掌握市场调研的基本方法和素材收集整理的技巧。
4. 掌握创意设计思维的方法,训练创意设计思维技巧和灵感捕捉的方法手段。
5. 掌握女装系列设计的方法和技巧、主题创意系列拓展设计表现等。

计划学时: 12学时

项目五　女装专题设计

一、女装分类

女装种类繁多，其分类方式也较多，可根据服装的基本形态进行分类；也可以根据服装的穿着季节、组合、用途、面料、制作工艺来分类；还可以按年龄、民族地域风格、特殊功用进行分类；也有根据服装的设计品牌定位进行分类。

（1）根据服装的基本形态进行分类，主要分紧身装、合体装、宽松装等。

（2）根据季节分类，主要分春装、秋装、冬装、夏装，按国际通用标准可分为春夏女装和秋冬女装。

（3）按穿着组合分类，主要分整件装、套装、外套、背心、裙、裤等。

整件装指上下两部分相连的服装，如连衣裙等因上装与下装相连，服装整体形态感强；套装指上衣与下装分开的衣着形式，有两件套、三件套、四件套；外套指穿在衣服最外层，有大衣、风衣、雨衣、披风等；背心指穿至上半身的无袖服装，通常短至腰臀之间，为略贴身的造型；裙指遮盖下半身用的服装，有一步裙、A字裙、圆台裙、裙裤等；裤指从腰部向下至臀部后分为裤腿的衣着形式，穿着行动方便，有长裤、短裤、中裤。

（4）按服装里外用途分为内衣和外衣两大类。内衣紧贴人体，起护体、保暖、整形的作用；外衣则由于穿着场所不同，用途各异，品种类别很多，又可分为社交服、日常服、职业服、运动服、居家服、舞台服等。

（5）按服装面料与工艺制作分类包括机织、针织、裘皮、丝绸、羽绒、毛呢类等服装。

（6）按年龄分类主要分婴儿装、儿童装、成人装。

（7）按民族地域风格分类主要分中式装、日式装、韩式装、欧式装等。

（8）按特殊功用分类主要有表演装、职业装、特殊功能装等。

（9）根据服装的品牌设计定位分类主要分高级时装、高级成衣、成衣等。

二、女装设计的原则与要点

（一）女装设计的原则

女装设计主要遵循用途明确、角色明确、定位准确三个设计原则。

1. 用途明确原则

用途是指设计的目的和服装的去向。明确了服装用途，设计才能有的放矢，准确实现设计目标。

2. 角色明确原则

角色是指具体的服装穿着者或消费者。满足穿着者的需求是服装设计师首要遵循的原则，获得消费对象的认可，是现代商业产品设计的基本要求。

3. 定位明确原则

定位包括风格定位、内容定位和价格定位。风格定位是服装的品位要求；内容定位是指服装的具体款式和功能；价格定位是针对销售服装而言的。

（二）女装设计的要点

（1）了解客户设计诉求，认真分析客户或公司设计任务要求。学生阶段要求理解课程设计项目任务相关要求。

（2）制订设计计划，理清设计思路。

（3）做好设计定位，确定设计主题。

（4）重视设计调研，收集设计素材。

（5）集聚设计素材，获取设计灵感元素，利用服装造型设计点、线、面、体等构成方法，按照设计美学法则对服装款式、色彩、材质、工艺等方面进行创新设计。

（6）注重服装造型与结构之间的关系，协调处理好服装人体与服装外部造型及内部造型的关系。

（7）重视服装设计的物化过程，通过对服装材料的选配、加工、整形、外观处理等方法完成设计作品的实物化，从实用性、美观性、经济性三个方面去完善优化设计作品。

（8）重视服装系列化产品的设计。系列产品设计主要通过廓型系列设计、内部细节系列设计、色彩系列设计、面料系列设计、工艺系列设计、主题系列设计等设计形式来实现，最好的训练方式是在基本款的基础上进行拓展设计。

三、女装设计案例

（一）Love and Freedom

1. 作品简介

来自"汉帛奖"第23届中国国际青年设计师时装作品大赛，作品名称Love and Freedom，设计师唐伟（中国浙江），设计理念和灵感来源于藏族舞蹈（图5-1）。

图5-1　Love and Freedom

2. 设计构思过程

设计师从设计灵感分析、头脑风暴、草图练习、推断思维、稚嫩到成熟的过程，如图5-2所示。从灵感款式多种手稿进行尝试，慢慢出来更灵动的感受及成熟的款式步骤（手稿风暴），服装款式整体的长短搭配，一定要经得起推敲，把握好整体，如图5-3所示。

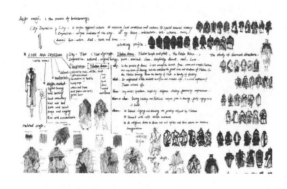

图5-2　草图构思　　　　　　　　　　　　　　　　图5-3　款式定型

（1）灵感来源。藏舞是本系列设计的灵感来源。"爱和自由"呈现了藏民们内心清澈、知足常乐的积极心态，对照当下喧嚣烦杂的现世生活，希望可以起到正面的启迪作用。同时，系列设计通过藏舞所体现出来的西藏民俗艺术之美更具国际视野，如图5-4所示。

（2）流行趋势。结合国际流行趋势预测及相关权威流行色彩主题发布会，借鉴主题色彩、廓型、材料等流行元素，挖掘灵感素材元素，如图5-5所示。

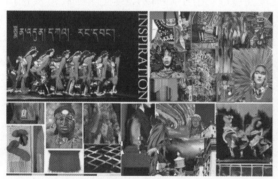

图5-4　灵感来源　　　　　　　　　　　　　　　　图5-5　流行分析

（3）设计效果图表现。利用手绘或计算机绘制设计效果图，如图5-6所示。

图5-6　设计效果图表现

（4）立体造型。做好一个设计作品，仅有好的手绘和想法是远远不够的，服装的面料肌理和整体廓型以及成衣方法也非常关键，以下是设计师通过立体造型的方式对设计进行成衣的过程，如图5-7所示。

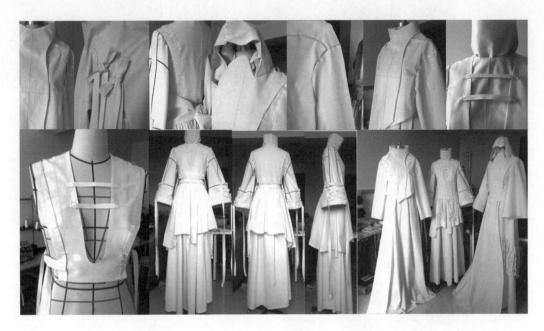

图5-7　立体造型

（5）面料改造与创意手法。面料改造是时装设计创新最为关键的手法，也是最出视觉效果的环节。面料再造作为一种重要的装饰手段和形式语言，表达了服装的内涵和外观。设计师要在作品中表达自己的独特审美观和创作个性，创立自己的思维形象和表达方式，对面料再造的可行性及再造后在服装造型设计中的运用进行审视和探索，无疑是十分必要的。因此，注重对服装材料的开发和创新，把现代艺术中抽象、夸张、变形等艺术表现形式融入到服装材料再创造中去，为现代服装设计艺术发展提供更广阔的空间，这是现代设计师所必须关注的问题，如图5-8所示。

图5-8　面料再造设计

（6）完成制作后的成衣效果，如图5-9所示。

图5-9　成衣效果

（二）GRADUATE COLLECTION

1. 作品简介

设计师Giryung Kim，设计理念来源于16世纪的日本武士铠甲，日本武士铠甲形制独特，日本人对其传统铠甲各分解部分的研究也非常深入和细致，其中原材料中的竹条、皮革、麻绳等装饰是上层武士才能使用的奢侈品，另外日本武士头盔的前立也很有特色，如图5-10所示。

图5-10　设计灵感

2. 设计构思过程

（1）灵感素材收集和整理，如图5-11所示。

（2）草图构思，如图5-12所示。

（3）完善草图，系列款式拓展设计，确定设计稿，如图5-13所示。

图5-11 灵感素材收集和整理

图5-12 草图构思

图5-13　款式拓展

（4）结构设计与立体造型，如图5-14所示。

图5-14　结构设计与立体造型

（5）成衣制作，如图5-15所示。

（6）试衣修改。

（7）完成整体成衣效果，如图5-16所示。

图5-15　成衣制作

图5-16　成衣效果

四、实训项目任务指导

（一）实训项目任务及要求

1. 实训项目任务

（1）任务一：根据企业开发项目，选择"都市温情""乡村眷恋""春意萌动""冬日印记"等其中任意一种设计主题，设计系列（3~5款）女时装，自行定位服装风格及年龄，要求按照企业设计制单形式绘制完成系列女时装的设计效果图与款式图。

（2）任务二：根据企业开发项目，选择"简艺空间""异域魅惑""守护温情""星空夜语"等其中任意一种设计主题，设计系列（3~5款）创意礼服，要求按照服装设计参赛稿的形式绘制完成系列创意礼服的设计效果图与款式图。

2. 实训目的及要求

通过任务一训练，要求掌握女装专题设计的基本流程与设计方法。包括女时装设计项目任务分析、设计主题联想、主题联想思维拓展、主题思维导图、确定主题关联元素、主题关联元素素材收集、素材元素提取、素材元素拓展、时装风格廓型设计、时装内部结构设计、时装材料与色彩搭配、图案装饰设计、时装工艺细节设计、服饰搭配，最后完成女时装设计效果图与款式图的绘制等。

通过任务二训练，要求掌握创意礼服设计的程序及方法。

3. 学时计划

计划学时：12学时。其中：任务一8学时；任务二4学时。

4. 实训条件

（1）硬件：计算机、图像设计软件、服装网站等。

（2）场室要求：网络、计算机、设计平台等。

（二）实训项目任务指导

1. 任务一

（1）设计讨论。以小组为单位进行讨论，讨论最后必须得到以下结果：

①明确设计主题方向。通过任务要求或企业项目要求进行小组讨论，要求各小组必须统一本组的设计方向与大的主题。

②明确设计定位。确定季节、年龄对象及风格路线。

③明确小组分工。制订设计计划，落实人员分工和设计进度。

（2）设计调研。主要开展流行调研和市场调研。

①流行调研。未来1~2年的女装流行趋势，包含主题、样式、色彩、面料等并收集图片。

②市场调研。针对女装市场（商场和卖场）进行调研，调研可以通过现场实地调研与线上调研的方式进行，线上主要通过浏览服装网店如天猫、京东等获取女装市场信息。

（3）素材收集。包括直接素材与间接素材。直接素材主要是指与接下来开展的设计密切相关的素材，包含创意服装造型（廓型、结构分割线、局部）、创意服装色彩与纹样、创意服装材质、创意服装工艺等素材。间接素材是指与接下来开展的设计没有直接的联系，但对接下来开展的设计具有借鉴、启发、移植、嫁接作用的素材，主要有造型素材（自然造型、人工造型）、色彩素材（自然色彩、人工色彩）、图案素材、材料素材、加工工艺素材、人文艺术素材（艺术作品、设计作品、民俗风情文化）、时事经济政治素材（典型时事、经济、政治题材）。

（4）设计灵感获取。灵感获取是创意设计不可或缺的思维活动，灵感获取应该要围绕服装整体色彩、材料的优化搭配、服装造型和衣着观念等方面寻找突破，主要可以通过模仿形态、借用色彩、体现文化与社会思潮的内涵以及材质展现等手段来完成（图5-17～图5-19）。

（5）构思草图。构思草图是在极短的时间内，迅速捕捉、记录设计构思。要求概括性、快速性、简洁明了地勾画、记录设计想法。草图可以在任何时间、地点，以任何工具，甚至简单到一支铅笔、一张纸便可以绘制。通常设计草图并不追求画面视觉的完整性，而是抓住时装的特征进行描绘。有时在简单勾勒之后，采用简洁的几种色彩粗略记录色彩构思；有时采用单线勾勒并结合文字说明的方法，记录设计构思、灵感，使之更加简便快捷。人物的勾勒往往省略或相当简单，可侧重于某种动势，以表现时装的动态预视效果，而省略人体的众多细节。

（6）设计效果图、款式图。通过对草图的不断优化修正，最后基本确定设计，然后着手绘制设计效果图与款式图。

（7）结构纸样设计（企业完成）。首先确定服装面辅材料、服装各部位尺寸，然后进行结构纸样设计。结构设计过程是服装设计作品优化的过程，是非常重要的关键性环节，要求必须以人体结构、运动机能、审美造型为依据进行设计，可以通过平面裁剪

图5-17　模仿色彩

图5-18　模仿形态

图5-19　模仿纹样

或立体造型等方式来完成此阶段的工作。

（8）样衣制作（企业完成）。根据结构设计以及款式造型进行样衣制作，样衣制作要求做到工艺合理、制作精细、造型忠实设计等效果。

（9）完善设计（企业完成）。试穿，针对问题进行修正，补充服装配饰与后整理工艺。

（10）成衣展示（企业完成）。将制作完成的服装通过模特着装进行展示。

2. 任务二

（1）设计讨论。通过讨论确定"简艺空间""异域魅惑""守护温情""星空夜语"等其中任意一种设计主题，设计系列（3~5款）创意礼服，要求按照服装设计参赛稿要求绘制完成系列创意礼服设计效果图与款式图。

（2）设计调研。主要针对创意礼服的流行趋势和和市场进行调研。

（3）素材收集。收集与主题相关的素材，包括造型素材、色彩素材、图案纹样素材、结构工艺素材等。

（4）设计灵感。通过设计思维方法来获取设计灵感，主要通过联想思维、仿生思维、逆向思维、整合思维等思维方法来吸取灵感。

（5）构思草图。绘制记录点滴灵感，不断挖掘思维想象空间，设计拓展多种可能，完成大量思维雏形设计。

（6）绘制设计效果图、款式图。利用手绘或计算机软件将服装设计效果图与款式图绘制出来，要求设计效果与款式图构图美观、服装材质细节表现到位。

（7）结构纸样设计（企业完成）。要求结构纸样设计合理，符合人体结构与设计造型要求。

（8）样衣制作（企业完成）。通过实物样衣制作，实现设计造型效果成衣物化。

（9）完善设计（企业完成）。通过真人试穿，查找设计缺陷，完善造型设计与结构工艺处理。

（10）成衣展示（企业完成）。

（三）实训项目考核评价

1. 考核评价方式

教师评价和学生互评结合。本项目考核成绩计算方式：项目成绩=任务一成绩×50%+任务二成绩×50%。

2. 考核评价标准

每个实训任务按照100分制计算，其中，任务总体完成情况占比40%，任务完成效果与质量占比60%。

考核评价表

实训项目任务	任务总体完成情况（40分）		任务完成质量与效果（60分）	
	任务时效	任务作业完整性	主题关联性	美观创意性
任务一	10分	30分	20分	40分
任务二	10分	30分	20分	40分

项目六 男装专题设计

学习目标：

1. 熟悉男装的特点，掌握男装设计的流程、设计定位的方法。
2. 学会男装设计市场调研、设计素材收集。
3. 能对男装设计素材进行提炼。
4. 掌握男装创意设计思维的方法，会设计灵感转化与设计草图表达。
5. 能进行系列化的男装创意设计表现。

学习任务：

1. 男装的特点、男装设计流程。
2. 男装设计定位。
3. 男装设计市场调研、设计素材收集。
4. 创意思维方法。
5. 设计灵感获取与设计草图表达。
6. 系列男装创意设计表现。

任务分析：

1. 要求熟悉各种类型男装的特点和男装设计的基本流程。
2. 要求掌握服装主题风格定位、产品市场定位等知识内容。
3. 要求针对男装流行趋势、男装市场（男装品牌、男装产品）进行调研，收集男装款式造型、色彩搭配、材料应用、工艺装饰等方面的素材和与设计主题方向相关联的各种素材。
4. 要求在分析大量素材的基础上，利用创意思维方法、思维导图，展开设计构思联想，提取设计元素。
5. 要求通过设计草图将灵感信息记录下来。
6. 要求将设计草图进一步细化、系列化开发设计，最后用系列服装设计效果图与款式图来表现系列男装的主题设计效果。
7. 在企业设计开发过程中，还要进一步完成服装的结构纸样设计、样衣制作、样衣修改、设计完善、成衣定稿、成衣展示等环节。这一部分项目内容可以通过企业项目合作由企业协助完成，如无企业项目，亦可利用课余时间来完成本项目设计的成衣化制作过程。

计划学时：12学时

项目六 男装专题设计

一、男装的分类

男装的种类十分丰富，根据不同的视角有不同的分类方法，有按历史角度分，也有按季节气候、材料质地、制作方式以及服装风格等来分类。但一般而言，考虑到现在男装设计的特点，其分类主要有以下两种方式：

（一）按消费者的生活方式分类

可分礼服、西装、休闲装、商务装、工作服等。

1. 礼服

礼服是重要聚会、高层次的社交场合穿用的不同于常服的正规礼用服装，如婚礼、葬礼、典礼、正式访问等场合穿用的服装。按照穿着时间可分为昼礼服、晚礼服及简略式礼服。

（1）昼礼服。即白天穿着的礼服，按国际惯例只能在下午六点以前穿用。分为日间正式礼服和日间准礼服两种。

①日间正式礼服（晨礼服）是男士白天正式社交场合穿用的大礼服，故被视为日间第一礼服，与燕尾服同属一级别。然而在当今的社交生活中，根据礼服惯例，通常不作为正式日间礼服使用，只作为公式化的特别礼服，如隆重的典礼、授勋仪式、大型古典音乐指挥、结婚典礼、特别的告别仪式等。晨礼服在19世纪下半叶盛行于英国，当时是英国绅士的标准装束，亦称乘马服（图6-1）。

图6-1 晨礼服

日间正式礼服款式设计特点：前衣摆被裁成一个大圆弧，衣长是七分长，单排、一粒纽扣，剑领，腰部有缝合线等特征。裤子一般黑灰色条纹，裤脚线前高后低差1.5~2cm，背心通常使用与上衣同色的黑色礼服料制作。白色双翼领式或普通礼服衬衫均可，饰蝉形领结以配合双翼领式衬衫，也有饰阿斯克领巾的，如参加殡葬仪式，则应系黑色领带，袜子和皮鞋均为黑色。

②日间准礼服（董事套装）与其说是为董事会成员专门设计的一种礼服套装，不如说它是上层社会将晨礼放大化、职业化的产物。因此称其为简晨服更为恰当，是当今晨礼服的替代服。它的基本形式类似普通西装，有单襟与双襟两种造型，现多用于星级宾馆高级管理人员。

董事套装款式设计特点：上衣款式和塔士多礼服大体相同，即单门襟、戗驳领、一粒扣，加袋盖双嵌线口袋。不同的是驳领和双嵌线无需用丝缎面料包覆，以便作为两种礼服在昼夜时间区别上的标志；口袋有无袋盖，按照惯例，前者是以户外活动为主，后者是以户内活动为主，由此也就确立了董事套装和塔士多礼服作为标准服的同等地位和时间上的区分。根据晨礼服的传统习惯和基本功能要求，董事套装只是保留晨礼服的基本风格和习惯，不过在简约思潮的驱动下，选择简化的配服、配饰便成为董事套装新的经典。衬衣以企领为主，翼领为辅；灰色领带成为标准搭配，一般不使用阿斯科特领巾；背心采用无领双襟六粒扣或单襟六粒扣（三件套准背心）；帽子由大礼帽换成了圆顶常礼帽，如图6-2所示。

图6-2　日间准礼服

（2）晚礼服。晚礼服是指国际惯例在下午六点以后穿着的礼服，可分为夜间正式礼服和夜间准礼服两种。

①夜间正式礼服（燕尾服）。燕尾服是指夜幕降临之后正式社交场合的着装，被视为晚

间第一礼服。但是在今天的社交生活中，它通常不作为正式晚礼服使用，只是作为公式化的礼服，如古典乐队指挥、演出服，特定的授勋、典礼、婚礼仪式，宴会、舞会、五星级的服务生晚礼服等。

燕尾服款式设计特点：传统标准的燕尾服只有黑白两种颜色搭配，其形制保持了维多利亚时期的传统样式，双排扣、六粒钮式设计，剑领或青果领上饰以缎面料子，在腰围有剪接缝，其后襟状如燕尾而得此名称。衣料是黑色，也使用深蓝色面料，内穿白色双排或单排纽扣礼服背心，裤子与上衣采用同色料子制作，并在裤侧饰有缎料装饰条。因其为男士之最高盛装，所以服饰品也极为考究，如白色双翼领礼服衬衫，要加"U"形硬胸衬，配白色蝴蝶领结，手套是白色小山羊皮的，鞋子是黑色漆皮牛津型，如图6-3所示。

图6-3 燕尾服

②夜间准礼服（塔士多礼服）。夜间准礼服在法国称为吸烟装（Smoking Jacket），据说早期法国男士们为享受晚餐后的香烟，而在特别的吸烟室休息吸烟，当时所穿的服装就是现在所谓的塔士多礼服（Tuxedo）前身。

塔士多礼服款式设计特点：形式类似于西装，有双排扣和单排扣两种，但多数是单排一粒钮，领子是剑领或青果领饰有领绢，裤子使用同种布料制作，装饰一道绢带，配以高雅的礼服衬衫、黑蝴蝶结并以腹围腰带（即卡玛绉饰带，是塔士多礼服背心的替代物，英文Cummerbund，最早出现在1892年，是燕尾服白色背心的代用品）代替背心。如果在夜间正式场合之请柬上标有Black Tie（黑领结），即指定为穿用塔士多礼服；标有 White Tie（白领结）时，为穿燕尾服之意，两者不可弄错。另外，一种从燕尾服款式中得到灵感，剪去燕尾服腰线以下部分而成的款式，称为白色梅斯夹克（Mess Jacket），也是男士夜间准礼服，但一般仅在夏季用，如图6-4所示。

（3）简略式礼服。简略式礼服即黑色套装（Black Suit），是昼夜通用的万能礼服，不受时间严格限制。

简略式礼服款式特点：一定要用黑色质料、单粒纽或两粒纽均可，衣领为剑领，不开叉，唇袋，三件套式并用黑色领结或银灰色领带较为正式。总之形式比较固定，穿着也讲究规矩，但随着当代男装休闲化的流行，礼服设计也趋于随意化和简洁化，甚至可以不打领结、领带，只是衣着追求整洁、展现形象气质、讲究社交礼仪的基本精神没变，如图6-5所示。

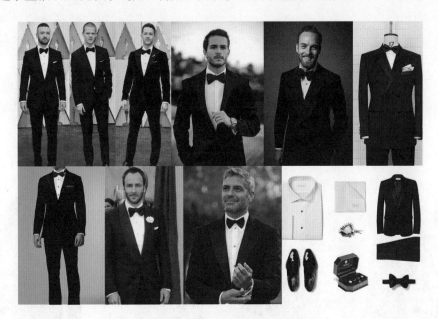

图6-4 夜间准礼服

图6-5 简略式礼服

2. 西装

西装属于传统型男装，但在一定的时期会受到时装流行趋势的影响，而且传统型的西装在穿着时还要受到一些程式和礼仪的约束。西装一般采用同一面料的上衣、裤子、背心的套装，而现代西装引申为无背心的套装，提倡"自由搭配"，形成了一种新的时尚。西装三件套顶格为国际套装，西装的上下越是同色同料越显正规，越是深色等级越高，越具有权威，包含了男子在社会中的地位。三粒扣西装最标准的是扣中间的纽扣，也可不扣，但不能全扣。背心纽扣最下面一粒不扣。双排扣西装一般来讲都要扣，手巾袋不能放任何东西，是一种形式主义的东西。

西装依据款式可分为基本型、运动型和便装三种，西装原型的可塑性很强，不同形式的组合设计，可以产生不同的着装概念，在正式、非正式场合均可使用。

（1）基本型西装。基本型西装大致分为单排扣平驳领西装和双排扣枪驳领两种款式。单排扣平驳领西装上衣纽扣的数目有单纽、双纽、三纽、四纽等；双排扣枪驳领西装，其左右门襟交叉重叠，深度在12~14cm，而纽扣则双排并列式钉缝，有双纽、四纽、六纽，如图6-6所示。

图6-6　基本型西装

（2）运动型西装。运动型西装从基本型变化而来，并按各种运动机能要求加以设计，此类款式非常丰富，而有比较固定风格的是一种称为"Blazer Coat"的款式，其整体造型采用单排平驳领三粒扣形式，为增加运动感，纽扣多为金属扣，明贴袋，明缉线是其特点（图6-7）。

（3）便装型西装。便装型即便服西装（Casusal Jacket），是一种在质料、细节构思上给予变化的多变型款式，适合非正式场合穿着、较为轻松方便的生活装。设计主要注重门襟的变化、驳领的宽窄与角度变化、衣摆门襟的方圆、口袋变化，领、袖、衣长等基本固定。面料可以按照流行趋势和个人喜爱进行选择，如图6-8所示。

图6-7 运动型西装　　　　　　　　　　图6-8 便装型西装

3. 休闲装

休闲装是指在休闲场合所穿的服装。所谓休闲场合，就是人们在公务、工作外，置身于闲暇地点进行休闲活动的时间与空间，如居家、健身、娱乐、逛街、旅游等都属于休闲活动。穿着休闲服装，追求的是舒适、方便、自然，给人以无拘无束的感觉。适用于休闲场合穿着的服装款式，一般有家居装、牛仔装、运动装、沙滩装、夹克衫、T恤衫、衬衣、毛衫等。西服也可以做成休闲款式，面料多采用小格子薄呢、灯心绒、亚麻、卡丹绒等，式样大多数为不收腰身的宽松式，背后不开叉，有的肘部打补丁，有的采用小木纹纽扣等。

4. 商务装

商务装是指从事各种商务工作时的着装，具有权威、端庄之感，符合商务严谨、庄重等的气氛，属于职业装范畴。常见的商务装主要有西装、背心、衬衣等。

（二）按男装的设计类别进行分类

在实际生活中，无论是企业的生产、商场的销售或消费者的选购，人们总是将某一品类的服装集中起来。商场也同样会将某一类的产品集中陈列，明确地形成商场形象，便于消费者选购，如西服专卖、休闲专卖、牛仔装专卖等。所以按设计类别划分男装，是较普遍的形式。男装设计品种繁多，其设计类别一般有礼服、西装上衣、夹克、外套、衬衫、T恤、裤装、毛衫等八个大类组成。男装有着深厚的历史积淀，到现代已形成了众多设计类别和完整的设计体系，了解这些设计门类及基本的款式构成，结合流行时尚元素，才能提高设计创意，从而设计出符合时代潮流和生活需求的男装款式。下面主要介绍衬衫、夹克、裤装、T恤、毛衫、外套等几种最为常见的男装设计类型。

1. 衬衫

衬衫是男装设计不可忽视的组成部分。男士衬衫按用途及款式的不同，可分为礼服衬

图6-9 礼服衬衫

衫、普通衬衫、休闲衬衫三类。

（1）礼服衬衫。礼服衬衫主要分晨礼服衬衫、燕尾服衬衫、塔士多礼服及黑色套装礼服衬衫三种。礼服衬衫最大的特点是它和外衣饰物有一定的组合规范，并在衬衫的特定部位划分出不同场合的礼仪规格，设计时须以充分理解。

晨礼服衬衫是双翼领平胸或普通领礼服衬衫，用领带或阿斯可宽领带（Ascot Tie）与其相配为标准设计形式；燕尾服衬衫一般叫作硬胸衬衫，胸部和袖口都较硬，属燕尾服专用衬衫，其款式特点是双翼领、前胸由U字型树脂材料制成，六粒纽扣，由珍珠或贵金属制成，袖克夫采用双层翻折结构，而将四个纽孔用袖纽扣系合，是为优雅感设计之形式，亦称为"法式克夫"；黑色套装与塔士多礼服衬衫，前胸采用打褶或波形横褶的双翼领或普通企领样，需用黑色领结，如图6-9所示。

（2）普通衬衫。普通衬衫是一种穿在西装内的企领衬衫。职业西服的衬衫设计比较定型，变化重点在领型上，袖口是单层袖，胸部还有一个贴袋，这就是职业西服衬衫的标准型。但昂贵的、部分定制或全部定制的美式衬衫，一般都有一个特征——没有贴袋，因为有钱人通常不需要衬衫上的口袋。无论在什么情况下，西服衬衫都不应该有两个口袋，即使有口袋也应是简单的小布块，不带盖和纽扣，如图6-10所示。

（3）休闲衬衫。休闲衬衫是以轻快的细节设计为特征，穿在外面的衬衫的总称。通常衣身宽松，变化丰富且多以大口袋、袖口袋或肩章等点缀装饰，图案与文字布局随性，衣料选择广泛，具有多种风格，给人以活泼、洒脱、随意、放松的感觉。飞行员衬衫、PoLo衫、西部牛仔衫、非洲狩猎衬衫、色彩鲜艳的夏威夷的阿罗哈衬衫等可说是休闲衬衫的传统式样，如图6-11所示。

图6-10 普通衬衫

图6-11 休闲衬衫

2.　夹克

夹克是指前开襟上衣的一种，衣长大致到臀围，为西欧男士所穿用的上衣，自中世纪变化形状而传承下来，19世纪后半叶形成了西装上衣的原型，20世纪以后用于妇女，英文中的Jacket一词具有相当的广泛性。我们常说的西装也称Jacket。夹克原本是实用性的工作服，被时装化以后，便成了潇洒的日常服。夹克设计依其用途或其设计目的，一般可分为运动夹克、便式夹克等，其设计大都强调机能性、合用性及日常穿着的组合性，体现出随意、轻松的设计概念。

（1）运动夹克。运动夹克依据不同的实际活动情况有明确的设计形式，较有代表性的有：连帽夹克、球场防寒夹克、双色棒球夹克、诺夫克运动夹克及非洲狩猎夹克等，如图6-12所示。另外，一些军式夹克因其高机能性、实用性、经典性也可被列入运动夹克类，著名的有飞行员夹克、步兵夹克、堑壕夹克、艾森毫威尔夹克和法式水兵夹克。

（2）便式夹克。便式夹克即日常普通夹克，造型比较简洁，长度较短，松度较大，便于活动。便式夹克作为平时一般性的衣着表现出平和、随意、轻松的外观，也因其技能性的特点，作为企业作业服而被广泛使用，如图6-13所示。

图6-12　运动夹克　　　　　　　　　　　　　图6-13　便式夹克

3.　裤装

男裤种类十分丰富，从其用途分，可分为西装裤、运动裤、工装裤和休闲裤。

（1）西装裤。西装裤典雅适中，造型简洁合体，庄重大方，可以出入正式和非正式场合，其搭配性都比较强，所以不同年龄、职业、体型的男性均可以穿着，是一种带有普遍适用性的裤型。在西装裤的款式基础上，如在其侧缝夹进缎面装饰条，侧袋并入侧缝结构中，后袋采用双嵌线式，即可成为礼服西裤，如图6-14所示。

（2）运动裤。运动裤款式品种也很多，几乎每种运动都有其特定的设计形式，如：尼卡裤、马裤、高尔夫球裤、滑雪裤、牛津袋裤、丛林裤、运动短裤等。现代设计往往从中得到启发，针对新的运动项目，采用新的面料，设计出富有机能性的实用裤子，如图6-15所示。

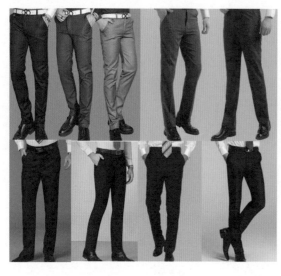

图6-14　西装裤

图6-15　运动裤

（3）工装裤。工装裤的设计有着悠久的历史，随着时代的发展和社会分工、行业的不同，便有了更多样化的作业服装，其中有些在加入流行元素后，衍化成为流行时装，受到人们的普遍喜爱，而不仅仅局限于工作时穿用。典型的工装裤式样有套裤、背带式牛仔裤、牛仔裤等，如图6-16所示。

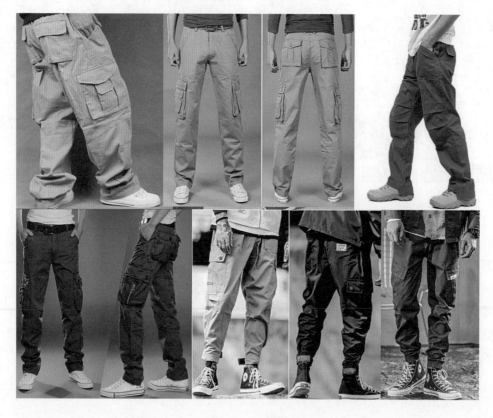

图6-16　工装裤

（4）休闲裤。休闲裤就是穿起来显得比较休闲随意的裤子。广义的休闲裤，包含了一切非正式商务、政务、公务场合穿着的裤子。现实生活中主要是指以西裤为模板，在面料、板型方面比西裤随意和舒适，颜色更加丰富多彩的裤子，牛仔裤也可以划归为休闲裤，如图6-17所示。

4. T恤

T恤英文为T-shirt，原本是干粗重体力活的工人们穿着的内衣。不轻易裸露，只有与无袖的连身工装搭配时，才显露出一些真面目。20世纪初，T恤仅仅作为内衣来推销。20世纪30年代，人们尝试把T恤穿在外面，即"水手衫"，水手们穿着T恤出海远航。后来，T恤被人们广泛接受，大行其道，形成独立的服装类型。

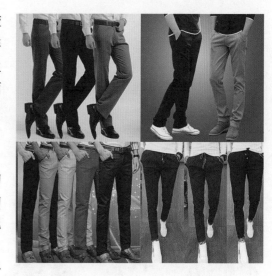

图6-17 休闲裤

T恤设计注重图案装饰设计，装饰图案主要有植物、动物、风景、人物、文字、卡通等，可以是写实的，也可以是抽象的，受到社会各种思潮的影响。常用装饰包括丝网印、手绣、计算机绣花、印花、拼帖、装饰纽扣、珠子等形式表现，款式设计主要在领子、袖子、开叉、分割、门襟等部位进行变化，如图6-18所示。

5. 毛衫

传统的男士毛衫的基本款式一般可分为套头式和开衫式两种，配合领型的变化和花纹的织法而呈现出丰富的设计外观。

（1）套头式。男性套头式毛衫有多种经典的传统款式，如渔夫毛衣、斯基帕毛衣、白色法式毛衣、高尔夫V型领毛衣等，如图6-19所示。

图6-18 T恤

图6-19 套头式毛衫

（2）开衫式。开衫式即开襟式设计，款式也有多种，如拉链开衫、深V字领开衫、衬衣领开衫及披巾领开衫等。男士毛衫较为常见的基本领型有船员领（圆领）、高领、龟领、法式宽松龟领、V字领、U字领、亨利领、PoLo领、纽扣领和披肩领等。传统的织纹有砖石形、雪花型、绳编型、松紧型等。毛衫长度分为长、中、短三类，袖型有紧袖和松身袖两种。男士毛衫除了各种变化的领型和织物花型外，基本的搭配方法有龟领（高立领）配V字领或圆领，高立领毛衫外面套衬衣再加上一件V字领毛背心，礼服衬衫配厚羊毛衫加外套等，如图6-20所示。

6. 外套

男装外套的款式比较丰富，一般可分为礼仪外套、便式外套和功能外套。

（1）礼仪外套。礼仪外套的廓型常采用收腰式绱袖结构设计，也有箱式造型，以方便配服。此类外套较具代表性的有披肩外套、契司达外套和PoLo外套等，如图6-21所示。

图6-20　开衫式毛衫　　　　　　　　　　　图6-21　礼仪外套

（2）便式外套。便式外套不受场合、年龄、职业的限制，造型风格多简洁大方，颇能体现男士潇洒的气质和风格，因此拥有许多种经典款式。现代男装设计经常从中汲取神韵，设计出各种新款，以满足消费市场的需要，比较常见的有巴尔玛式、雷根式、阿尔斯特式、泰勒建式，如图6-22所示。

（3）功能外套。功能外套强调防风、防雪、防寒、防雨等方面的设计，其最富代表性的要数风衣外套，即士兵用的堑壕式外套以及以防风抗寒为主的连帽式设计的外套，如防寒外套、粗呢外套、水兵外套、卫士外套、防尘外套及现代的羽绒防寒服、极地服等，如图6-23所示。

二、男装设计的要点

男装设计也应遵循用途明确、角色明确、定位准确三个基本原则。男装设计的要点包括：进行合理设计定位；制订周密设计计划；把握设计方向；重视设计调研，收集设计素

| 图6-22　便式外套 | 图6-23　功能外套 |

材；善于吸收借鉴；注重服装风格塑造；重视服装板型和工艺品质；重视服装系列化产品的设计（系列产品设计主要有廓型系列、内部细节系列、色彩系列、面料系列、工艺系列、主题系列等系列设计形式）等。

三、男装设计策划案例

（一）流行趋势

1. 趋势主题——地下潮能量

摘自蝶讯网《潮牌趋势2019/2020秋冬》，如图6-24所示。

图6-24　地下潮能量

2. 潮流文化分析

从历史发展，衣、食、住、行、吃、喝、玩、乐等多维角度分析潮流文化，如图6-25所示。

图6-25　潮流文化分析

3. 核心设计元素

通过潮流文化分析，从潮流蒙太奇（前卫波普文化的拼贴艺术）、地下图腾（街头文化与黑暗文化的青年叛逆图腾）、文字标语（青年态度与文化思潮）、涂鸦艺术（率性天成的街头艺术形态）、形象恶搞（致敬或调侃的趣味形象）、重金属艺术（朋克文化衍生的潮流装饰）、千禧文化（互联网与二次元交融的新浪潮）、亚文化虐恋（绳带与胶纸衍生的潮流装饰）、街头复古运动潮、安全防护与警示（工装细节应用与荧光警示）、机能构造的多功能应用（解构拼装与多袋工装）、反潮流标签（商标标签的新潮装饰）、内搭潮品（领部装饰设计）、PVC材质（从面料到工艺细节的全新应用）、后现代工业设计（印花与印绣花组合工艺）、环保材料与环境警示（科技面料与材质）、渐变工艺与工业污渍（印花与成以后处理）、工业破损（做旧和破损细节）等方面挖掘核心设计元素，如图6-26～图6-36所示。

图6-26　核心设计元素

图6-27 前卫波普文化的拼贴艺术

图6-28 青年态度与文化思潮

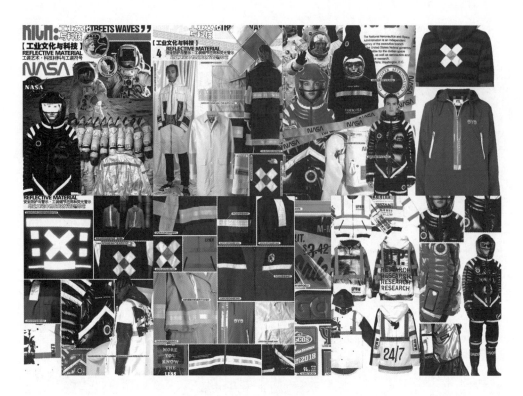

图6-29　工装细节应用与荧光警示

图6-30　从面料到工艺细节的全新应用

图6-31　商标标签的新潮装饰

图6-32　多袋工装

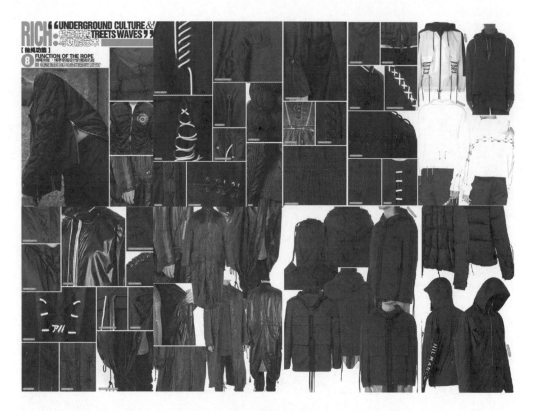

图6-33　绳带装饰

图6-34　织带装饰

图6-35　机能构造的多功能应用

图6-36　仿皮革材质应用

（二）主题系列造型设计

1. 设计灵感

主题：解构主义，设计者：刘莉杉。从建筑的外观及结构样式获取设计灵感，如图6-38所示。

建筑外观式样

图6-37　设计灵感

2. 设计元素提取加工

本系列从建筑的柱廊、窗顶、外墙装饰等提取设计元素，通过构成简化进行加工，如图6-39所示。

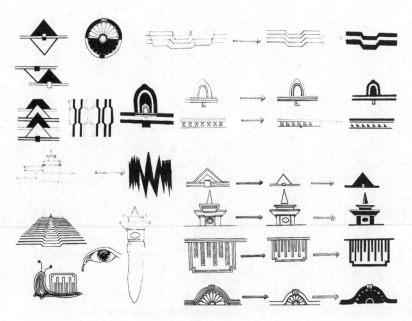

图6-38　设计元素提取加工

3. 设计元素组合

将设计元素打散构成形成新的造型和装饰形态组合，如图6-40所示。

图6-39　设计元素组合

4. 设计草图

根据重组形态，绘制创意设计草图，如图6-41、图6-42所示。

图6-40　设计草图一

图6-41　设计草图二

5. 设计效果图表现

通过对设计草图的筛选和优化，确定最终款式造型设计，并利用手绘或计算机等形式将系列服装设计效果图及款式图表现出来，如图6-43所示。

图6-42　设计效果图表现

四、项目实训

（一）实训项目任务及要求

1. 实训项目任务

（1）任务一：结合未来1～2年的男装流行趋势，选择"臻致生活""多元融合"任意一个主题，利用所学的男装设计知识，设计一系列（5款以上）商务男装。本任务可以通过校企合作，以企业产品开发项目形式共同组织实施，要求完成主题系列男装设计效果图与款式图。

（2）任务二：结合未来1～2年的男装流行趋势，选择"优雅假日""AI已来"任意一个主题，利用所学的男装设计知识，设计一系列（5款以上）休闲男装。本任务可以通过校企合作，以企业产品开发项目形式共同组织实施，要求完成主题系列男装设计效果图与款式图。

2. 实训目的及要求

（1）任务一：系列主题商务男装设计项目实训，掌握主题系列商务男装设计项目任务分析、项目任务实施计划、项目主题设计定位、市场调研与分析、设计素材收集整理、创意灵感与主题设计元素提取、设计草图表现、系列款式造型拓展、设计元素应用与主题风格统一、主题系列男装设计效果图与款式图表现的基本方法与程序。同时掌握主题系列商务男装设计效果图与款式图完成的服装结构与纸样设计、服装样衣制作、服装样板修改、成衣成品知识和能力要点。

（2）任务二：系列主题休闲男装设计项目实训，掌握主题系列休闲男装设计的基本方法与程序。同时掌握主题系列休闲男装设计效果图与款式图完成的服装结构与纸样设计、服装样衣制作、服装样板修改、成衣成品知识和能力要点。要求重点完成本实训任务内容。

3. 学时计划

计划学时：12学时。其中：任务一4学时；任务二8学时。

4. 实训条件

（1）硬件：计算机、图像设计软件、服装网站等。

（2）场室要求：网络、计算机、设计平台等。

（二）实训项目任务指导

1. 任务一

（1）设计分析。

①明确设计主题方向，通过主题设计任务要求以及企业项目设计要求进行任务分析，确定主题方向。

②明确市场定位，确定针对什么季节的产品设计、确定针对怎样的年龄对象、确定怎样的风格路线。

③明确设计计划，制订设计计划，落实设计进度。

（2）设计调研。

①流行调研。针对未来1～2年的男装流行趋势，包含主题、样式、色彩、面料等流行趋势进行调研，收集图片。

②市场调研。针对男装市场（商场和卖场）进行调研，可以通过线上与线下两种方式开展调研，线上主要通过浏览服装专业网站、服装网店如天猫、京东等获取男装市场信息；线下跟女装调研一样，主要针对商场、卖场与各种社交场合。

（3）素材收集。利用各种资讯渠道，收集与主题风格关联的各种素材，包括流行样式造型、色彩、材料、图案、工艺以及与主题风格特征相关联的素材。

（4）构思草图。利用创意设计思维方法，提取素材元素，对元素进一步拓展设计应用，绘制灵感构思草图。

（5）设计效果图、款式图表现。通过系列款式拓展设计，利用计算机设计软件绘制设计效果图、款式图。

（6）结构纸样设计（企业实施）。根据设计效果图与款式图造型比例要求，确定服装尺寸号型关系，完成服装结构设计与纸样制作。

（7）样衣制作（企业实施）。根据设计要求完成纸样裁剪与工艺制作。

（8）完善设计（企业实施）。通过模特试衣发现问题，解决不合理的服装造型与结构，调整完善设计，最后完成成衣样品。

（9）成衣展示（企业实施）。完成服装整体搭配陈列效果，包括服饰配件、陈列道具等，营造主题风格。

2. **任务二（同上）**

任务二的指导同任务一。

（三）实训项目考核评价

1. **考核评价方式**

教师评价和学生互评结合。本项目考核成绩计算方式：项目成绩=任务一成绩×40%+任务二成绩×60%。

2. **考核评价标准**

每个实训任务按照100分制计算，其中，任务总体完成情况占比40%，任务完成效果与质量占比60%。

考核评价表

实训项目任务	任务总体完成情况（40分）		任务完成质量与效果（60分）	
	任务时效	任务作业完整性	主题关联性	美观创意性
任务一	10分	30分	20分	40分
任务二	10分	30分	20分	40分

项目七 童装专题设计

学习目标：

1. 熟悉童装的特点，熟悉童装设计的有关要求。
2. 掌握童装设计的程序与设计方法。
3. 掌握童装设计调研、设计素材收集与整理的方法。
4. 掌握童装创意设计思维的方法和创意灵感设计转化。
5. 能设计表现系列创意童装。

学习任务：

1. 童装设计基本知识。
2. 童装设计程序与方法。
3. 童装设计调研、设计素材收集与整理。
4. 童装创意设计思维及设计灵感转化。
5. 童装创意系列设计。

任务分析：

1. 掌握童装设计的分类、童装市场发展趋势、童装设计的要求、童装设计的原则、童装设计的要点等知识内容。
2. 熟悉童装企业设计的基本流程、设计采用的方法和技巧。
3. 根据童装设计定位针对性开展市场调研和设计素材的收集与整理实践，要求掌握市场调研的基本方法和素材收集整理的技巧。
4. 掌握童装创意设计思维的方法，训练创意设计思维技巧和灵感捕捉的方法手段。
5. 掌握童装系列设计的方法和技巧、主题创意系列拓展设计表现等。

计划学时： 8学时

项目七　童装专题设计

一、童装的分类

童装简称儿童服装，指适合儿童穿着的服装。常见的童装分类方法如下：

（1）按品质分类主要分为高档服装、中档服装、低档服装。

（2）按季节分类主要分为春秋装、夏装、冬装。

（3）按年龄分类主要分为婴儿装、幼儿装、小童装、中童装、大童装等。

（4）按材料分类主要分为纤维制服装、毛皮服装、皮革服装以及其他材质服装。

（5）按形式分类主要分为大衣、套装、衬衫、T恤、背心、裤子、裙子。

（6）按性别分类主要分为男童装、女童装。

二、童装市场发展趋势

现阶段，我国0～16岁儿童人口约3亿，因而童装市场在未来几年具有较大的发展空间。总体趋势主要体现在：童装市场需求上升；设计元素与时尚趋势相结合；价格、品质两极化；产品结构细分化；高档化发展。

三、童装设计的要求

（一）对服装款式的要求

安全舒适性，在进行童装设计时应首先考虑到儿童爱玩的天性，在玩的过程中，衣服的安全舒适性是很重要的一个因素，因而造型应尽可能简单，以休闲、宽松、自然的服装样式为主。同时，小孩子身体正在发育，穿着外观精致、宽松的休闲类衣服，在做游戏或跑动时都较为都方便。

（二）对服装色彩的要求

事实上儿童服装购买的主导方主要是儿童家长，根据市场调查结果，绝大部分家长在给孩子选择服装时，一般首先注意的是衣服的颜色，因为他们对颜色有着原始的敏感和独特的喜好，首选高明度、高纯度色彩的服装，鲜艳、醒目、精神。另外，粉色、黄色、红色显得活泼，同样很受欢迎。当然，在进行儿童服装色彩搭配时，除应注重色彩与儿童的肤色相匹配，还要注意儿童的体型与童装色彩的搭配，如果是一个比较胖的孩子，要选冷色或深色的服饰，如灰色、黑色、蓝色等，因为冷色、暗色可以起到收缩作用，如果孩子是比较瘦弱的，那么我们可以选择一些暖色的衣服，如绿色、米色、咖啡色等，这些颜色是向外扩展的，能给人们一种热烈的感觉。当然，童装的配色是没有固定形式的，过分的形式化会显得呆板，没有生气，但变化太多，又容易显得很杂乱，唯一的宗旨是配色协调，能很好地将儿童活泼、可爱、纯真的精神面貌展现出来。

（三）对材料的要求

童装设计对面料的要求比成人更严格。由于儿童活泼、好动，没有保护意识，所以童装的布料一般以结实、耐穿、不易损坏为主，同时也应考虑布料穿着的舒适度。因为儿童的皮肤一般都比较稚嫩、敏感，衣服与皮肤经常产生磨擦，因此要求布料的舒适性、吸湿性、透气性要好，而棉质布料恰恰满足这样的要求，特别是小朋友们穿的运动装，更要考虑舒适、吸汗、透气等要求。

另外，也可以采用柔软、富有弹性的丝制面料，如丝、毛等材料做成的衣服。这样的衣服不仅穿在身上舒服、自然，而且能极大地表现出孩子的纯真和灵性，并能给人一种飘逸、聪颖的感觉。牛仔类面料也是不错的选择，这种服装由于质地比较结实、极其耐磨，孩子穿上它不容易脏，又不容易损坏，而且好运动的孩子穿上这类衣服，非常有型，更显得身体结实、可爱又精神。

四、童装设计的原则

童装设计重点要把握服装的功能性、美观性、时尚性、技术性、文化性、经济性六大原则。功能性主要指注重安全保护功能、实用功能；美观性主要从艺术性的角度出发，包含造型美、材质美、纹样美、工艺美和配饰搭配美；时尚性主要指紧跟时代感、潮流感；技术性主要体现在款式、结构和制作的科学性和可实现性；文化性主要指体现文化载体、行为规范和引导功能；经济性主要体现在成衣生产流程优化，能最大化地控制生产成本。

五、童装设计的要点

（一）童装造型设计

1. 童装造型要素运用

（1）点的运用。包括几何形的点、任意形的点，局部的点、整体的点，平面的点、立体的点，虚的点、实的点，大的点、小的点，单点、多点，点的间距等运用手法，如图7-1所示。

（2）线的运用。童装造型设计线的运用主要有直线、曲线，实线、虚线，线的位置，局部的线，大面积的分割线，粗线、细线，平面的线、立体的线，造型线与工艺线等，如图7-2所示。

（3）面的运用。童装设计面的运用主要包括面的形状、大小、虚实、表现形式，以及裁片表现的面、图案表现的面、饰品表现的面、工艺表现的面等，如图7-3所示。

（4）体的运用。童装设计体的运用主要包括体的形状、大小、虚实、表现形式，以及衣身造型的体量、零部件的体量、造型饰品的体量等，如图7-4所示。

图7-1　点的运用

图7-2　线的运用

图7-3　面的运用

图7-4　体的运用

2. 童装廓型设计

童装的廓型主要有用H型、A型、O型，如图7-5～图7-7所示。

3. 童装局部细节设计

童装设计在服装局部变化设计方面要比成人装更为注重，表现在服装的领、袖、口袋、门襟、腰线、下摆、褶等，如图7-8～图7-12所示。

图7-5　H型

图7-6　A型

图7-7　O型

图7-8　领子变化

图7-9　袖子变化　　　　　　　　　图7-10　口袋变化

图7-11　门襟变化　　　　　　　　图7-12　腰线、下摆、褶的变化

（二）童装色彩设计

1. 婴儿服装色彩

婴儿睡眠时间长，眼睛适应力较弱，服装的色彩不宜太鲜艳、太刺眼，应尽量少用大红色做衣料。一般采用明度、彩度适中的浅色调，来映衬出婴儿纯真娇憨的可爱，如白色、浅粉红色、浅柠檬黄、嫩黄、浅蓝、浅绿等。

服装花纹也要小而清秀，常用浅蓝、粉红、奶黄等小花或小动物的图案。婴儿服装色彩要求明度、彩度适中，如浅色调中的白色、浅粉红色、浅柠檬色、嫩黄、浅蓝等，如图7-13所示。

图7-13　婴儿服装色彩

2. 幼儿与小童服装色彩

幼儿与小童的服装色彩以鲜艳或耐脏的色调为宜，可采用明度适中、鲜艳的明快色彩，与幼儿活泼好动、喜欢歌舞游戏的特征相协调。常采用鲜亮、活泼的对比色、三原色，给人以明朗、醒目和轻松感。以色块进行镶拼、间隔，可起到活泼可爱、色彩丰富的效果。如育克、口袋、领子、膝盖等处；或利用服装的分割线，以不同的色块相连接；也可用带有童趣的卡通画、动物、花卉来进行装饰，以表现孩子们活泼可爱、天真烂漫的特点，如图7-14所示。

3. 中童服装色彩

中童正处于学龄期，服装色彩视场合而定。一般可用调和的色彩取得悦目的效果，节日装色彩可以比较艳丽，校服色彩则要庄重大方，不宜用强烈的对比色调，以免分散学生的上课注意力。中童服装的冬季色彩可选用深蓝、浅蓝与灰色、土黄与咖啡色、墨绿、暗红与亮灰等；春夏宜采用明朗的色彩，如白色与天蓝色、浅黄色与草绿色、粉红与黄色等，也可用面料本身的图案与单色面料搭配，如图7-15所示。

图7-14 幼儿与小童服装色彩

图7-15 中童服装色彩

4. 大童服装色彩

大童服装色彩应多参考青年人的服装色彩，适当降低色彩明度和纯度，主要表达积极向上、健康的精神面貌。夏季日常生活装可选择浅色偏冷的色调，冬季可选择深色偏暖的色调。校服颜色稍微偏冷，色彩搭配要朴素大方，如白色、米色、咖啡色、深蓝色、墨绿色等；运动装则可使用强对比色彩，如白色、蓝色、红色、黄色、黑色等的交叉搭配，如图7-16所示。

图7-16　大童服装色彩

（三）童装材料设计

童装材料要求标准较高，一般采用舒适、安全、结实、不易损坏的材料，以天然面料为主，如棉、丝、毛等。牛仔类面料也是常用的面料，另外针织面料所占比例也较大，如图7-17所示。

图7-17 童装材料设计

（四）童装图案设计

图案在童装设计中占有非常重要的位置，可分为平面装饰图案与立体造型图案两大类。平面装饰图案又可以根据图案形态、构图形式、工艺特点、图案内容进行细分；立体造型图案可分为半立体图案和立体图案，如图7-18所示。

（五）童装系列设计

系列设计是指成组或成套的服装设计产品，在系列设计中单件服装既有各自鲜明的特点，服装之间又具备相关联的设计元素。所谓系列服装设计至少应有两种服装款式，一般的系列服装设计为3~10件不等，也有20套以上的特大系列服装设计。童装系列设计形式包括廓型系列、内部细节系列、色彩系列、面料系列、工艺系列、主题系列等，如图7-19、图7-20所示。

图7-18　童装图案设计

图7-19　主题设计系列

图7-20 廓型设计系列

六、童装设计策划案例

（一）设计主题：大千要素

环境污染问题日渐严重，气候变化、人类对环境的破坏会造成恶果。

此主题通过因境污染、水源污染而延伸出水波纹、岩石肌理图案来设计属于自然的极简，提醒人类珍爱环境、保护地球，如图7-21所示。

图7-21 大千要素（图片来源：蝶讯网）

COLOR COLLOCATION
色彩搭配

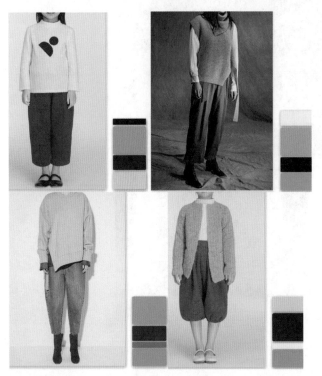

图7-22　色彩搭配

（二）色彩搭配

根据色彩流行趋势，结合设计主题确定色彩搭配形式，如图7-22所示。

（三）主题风格定位

本主题系列采用极简风格诠释主题思想，如图7-23所示。

（四）市场定位

根据市场调研数据分析确定产品的结构比例，如图7-24所示。

（五）灵感要素设计

1.灵感来源

根据主题思想关联要素，从不同角度收集提炼主题素材，结合流行色彩、廓型、材料、图案与工艺细节等，确定主题灵感色彩、面料与辅料、图案、主要廓型与造型样式，如图7-25～图7-34所示。

DESIGN SOURCE
设计源

KEY PROFILE 开键廓型
THEME STYLE POSITIONING 主题风格定位

图7-23　主题风格定位

PRODUCT STRUCTURE
产品结构

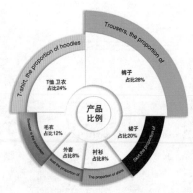

图7-24　产品结构

图7-25 灵感来源

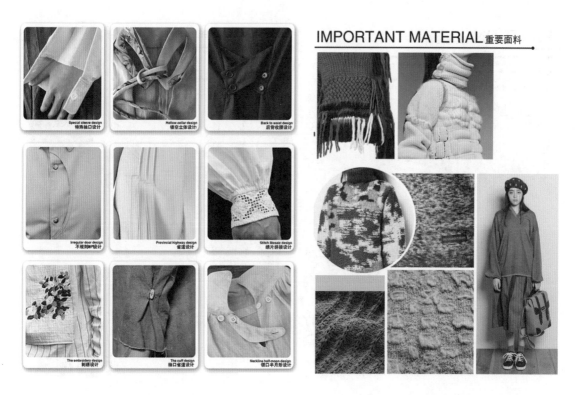

图7-26 流行工艺细节

图7-27 流行面料

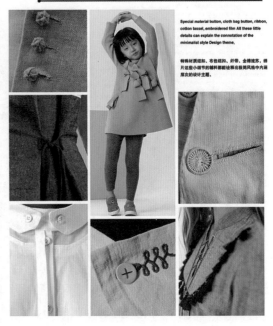

图7-28　灵感色彩与重要辅料

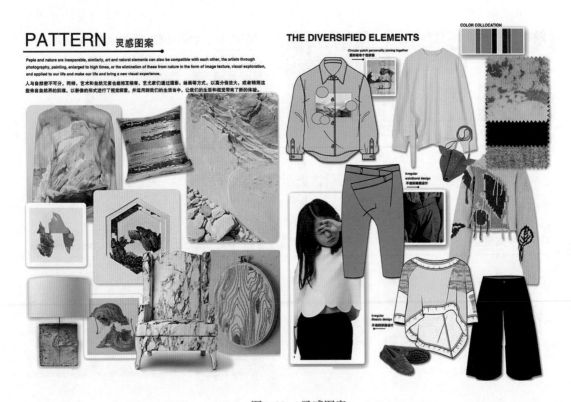

图7-29　灵感图案一

图7-30　灵感图案二

图7-31　灵感图案三

图7-32　灵感图案四

图7-33　廓型与样式一

图7-34　廓型与样式二

2. 服饰纹样及细节设计

根据灵感色彩、面料与辅料、图案、廓型与造型样式，进一步细化图案与局部细节设计，如图7-35～图7-37所示。

图7-35　图案细节设计

图7-36　工艺细节设计

图7-37　图案与工艺细节设计

七、项目实训

（一）实训项目任务及要求

1. 实训项目任务

根据未来1~2年的童装流行趋势，任意选择"泥土味""糖果总动员""动画片的故事""梦幻空间"等设计主题，利用所学的童装设计知识，设计一系列（3~5款）主题运动休闲童装。本项目可融入合作企业开发项目组织实施。要求利用计算机设计软件将本系列设计稿（效果图、款式图）绘制在A3大小页面之中。成衣结构与纸样设计、样衣制作、成衣展示等后续环节可由企业完成，亦可选择设计稿中的某一款服装，利用课余时间完成成衣结构纸样设计、样衣制作、成衣展示。

2. 实训目的及要求

通过实训项目任务实践，掌握主题系列运动休闲童装设计项目的任务分析、项目任务实施计划、项目主题设计定位、市场调研与分析、设计素材收集整理、创意灵感与主题设计元素提取、设计草图表现、系列款式造型拓展、设计元素应用与主题风格统一、主题系列设计效果图与款式图表现方法和技巧，掌握系列童装细节设计、结构与纸样设计、服装样衣制作、服装样板修改等知识和能力要点。

3. 学时计划

本项目计划学时：8学时。

4. 实训条件

（1）硬件：计算机、图像设计软件、服装网站等。

（2）场室要求：网络、计算机、设计平台、服装纸样与工艺加工设施设备等。

（二）实训项目任务指导

1. 设计分析

（1）明确设计主题方向，通过主题设计任务要求以及企业项目设计要求进行任务分析，确定主题方向。

（2）明确设计定位，确定针对什么季节的产品设计、确定针对怎样的儿童对象、确定怎样的服装风格路线。

（3）明确设计计划，制订设计计划，落实设计进度。

2. 设计调研

（1）流行调研。针对未来1～2年的童装流行趋势，包含主题、样式、色彩、面料等流行趋势进行调研，收集图片。

（2）市场调研。针对童装市场（商场和卖场）进行调研，可以通过线上与线下两种方式开展调研，线上主要通过浏览服装专业网站、服装网店如天猫、京东等获取男装市场信息；线下与其他服装调研一样，主要针对商场、卖场与各种社交场合。

3. 素材收集

利用各种资讯渠道，收集与主题风格不同关联的各种素材，包括流行童装样式造型、色彩、材料、图案、工艺以及与主题风格特征相关联的素材。

4. 构思草图

利用创意设计思维方法，提取素材元素，对元素进一步拓展设计应用，绘制灵感构思草图。

5. 设计效果图、款式图

通过系列款式拓展设计，利用计算机设计软件绘制设计效果图、款式图。

6. 结构纸样设计（企业实施）

根据设计效果图与款式图的造型比例要求，确定服装尺寸号型关系，完成服装结构设计与纸样制作。

7. 样衣制作（企业实施）

根据设计要求完成纸样裁剪与工艺制作。

8. 完善设计（企业实施）

通过模特试衣发现问题，解决不合理的服装造型与结构，调整完善设计，最后完成成衣样品。

9. 成衣展示（企业实施）

完成服装整体搭配陈列效果，包括服饰配件、陈列道具营等，营造主题风格。

（三）实训项目考核评价

1. 考核评价方式

教师评价和学生互评相结合。

2. 考核评价标准

按照100分制计算，其中，任务总体完成情况占比40%，任务完成效果与质量占比60%。

考核评价表

实训项目任务	任务总体完成情况（40分）		任务完成效果与质量（60分）	
	任务时效	任务作业完整性	主题关联性	美观创意性
任务	10分	30分	20分	40分

项目八　服装大赛专题设计

学习目标:

1. 熟悉服装设计大赛的参赛作品要求和参赛流程。
2. 掌握服装设计大赛设计定位的方法,能准确定位参赛作品主题与风格。
3. 掌握服装设计市场调研的方法,会设计调研与设计素材收集。
4. 掌握服装设计大赛创意设计思维的方法,会设计灵感转化与素材提炼。
5. 掌握服装设计大赛作品表现,能按照服装设计大赛要求表现参赛服装设计作品的效果。

学习任务:

1. 服装设计大赛的类型及特点。
2. 服装设计大赛设计主题方向研究。
3. 服装设计大赛参赛作品设计程序及方法。
4. 服装设计大赛参赛作品设计表现与成衣制作。
5. 作品陈列、提交参赛作品参赛。

任务分析:

1. 熟悉各类服装设计大赛的主办规格、大赛类型、办赛目的、历届参赛服装的类型特点等。
2. 针对服装设计大赛主办方设定的大赛主题及大赛要求进行分析研究,定位参赛服装设计的主题方向与创意思路。
3. 熟悉参赛作品设计与制作的全部流程,能够处理好每个流程及环节出现的问题,尤其能够较好地完成创意设计构思和系列服装作品的设计。
4. 掌握服装大赛参赛作品效果图与款式图的表现,包括设计作品主题、设计构思与设计作品效果图、款式图的画面编排设计等。
5. 掌握成衣制作环节的各项工作,包括结构纸样、工艺、面料、辅料、装饰工艺、服装配饰设计等工作任务内容。成衣制作环节是服装设计中最重要、最关键的环节,此环节直接影响参赛服装的整体设计效果,也是服装设计大赛评委最关注的评判部分,因而要将精力重点放在此环节。
6. 作品陈列主要是对服装进行静态或动态展示效果的设计,包括模特化妆、道具、灯光等综合展示手段应用;参赛作品提交要根据大赛主办方要求提交设计作品。

计划学时:8学时

项目八　服装大赛专题设计

一、主题大赛服装设计类型

目前，国内外服装设计大赛类型较多，有国际大赛、国内大赛、校内大赛等赛项。国外知名的赛事有巴黎国际青年服装设计大赛、*RUNWAY*、法国巴黎创意服装设计大赛等；国内比较知名并具有权威性的重大赛事有"汉帛奖"中国国际青年时装设计师作品大赛、"虎门杯"国际青年设计（女装）大赛、"CFW"杯中国服装网络设计师大赛、"名瑞杯"中国晚礼服设计大赛、"广州国际轻纺城杯"广东大学生优秀服装设计大赛等。一般来说，举办服装设计大赛的目的是通过竞赛的形式发现优秀的设计作品，挖掘优秀的服装设计人才，向企业和市场推出新的有才华的设计师，也是冠名赞助企业推广自身品牌的一种手段。

服装设计大赛按照功能取向可分为创意类型服装设计大赛、实用类型服装设计大赛、现场PK类型服装设计大赛；按服装类型有男装设计大赛、女装设计大赛、礼服设计大赛、职业装设计大赛、休闲装设计大赛、内衣设计大赛、T恤设计大赛等。

二、主题大赛服装设计方向

目前纯粹以创意服装为主旨的大赛比较少，代表赛事有"汉帛奖"中国国际青年时装设计师作品大赛。其他的比赛都倾向于"实用+创意"类型，如虎门杯、真维斯杯等，如何成功把握服装设计大赛的方向是参赛成功入围的关键：一是通过往届的比赛获奖者服装的风格与征稿启事上的说明，初步了解这个比赛的性质；二是通过大赛所设的奖项来辨别，假如一个大赛的奖项里有"最具市场潜力奖"，这就说明这个大赛是偏实用的，假如一个大赛的奖项里设立"最佳创意奖"，其奖金比金奖还要高，那么说明这个大赛非常看重服装的创意性。

偏实用的大赛分为两大类：一是规定服装性质类（如男装大赛、女装大赛等）；另一种是随意发挥类，准备随意发挥类比赛关键要从大赛的主题入手进行构思创作。

三、主题大赛服装设计程序

（一）设计主题的确立

在主题服装大赛中，往往主办方会拟订一个大赛主题，这是整个大赛方向引导的一种方式，也是具体参赛作品主题选择的依据。大赛主题与设计作品主题不能完全等同，大赛的主题外延比较广，而设计作品的主题仅限于作品本身所表达的思想内涵。大赛主题是设计方向确定的依据，设计作品主题是服装系列化设计的依据，是对整体设计进行宏观把握的基础。不论采用何种设计方式，只要围绕主题展开，让作品的各方面因素全部融合于主题内容之中，作品就会有深刻并能够打动人的内涵。因此，对于主题大赛服装设计来说，作品设计主题的选择至关重要。

（二）设计素材收集与设计灵感转化

参加服装设计比赛，素材收集是必不可少的环节，主要包括直接素材收集与间接素材收集。直接素材有可借鉴的服装造型（廓型、结构分割线、局部）、可借鉴的服装色彩与纹样、可借鉴的服装材质、可借鉴的服装工艺等素材；间接素材主要有可借鉴的自然造型、可借鉴的人工造型、可借鉴的自然色彩、可借鉴的人工色彩、可借鉴的图案素材、材料素材、加工工艺素材、人文艺术素材、时事经济政治素材等。

灵感转化是在拥有大量素材的基础上，提取素材当中某些可以借用的元素，利用设计审美创作方法，围绕服装造型、色彩、材料、工艺等创造新的形象的思维过程。其中，草图构思尤为关键，从大量草图中提取成熟的设计方案是比较好的方法。

（三）服装设计表现

服装设计表现是决定参赛作品能否入围比赛的关键，设计主题与构思理念再好，最终都需要通过参赛作品呈现在评委面前。目前，大赛通常的做法是先提交参赛设计效果图（款式图），然后通过对参赛设计效果图（款式图）的评选，选出入围作品，再让入围作品进行下一轮的、包含设计样衣展示环节的比赛。因此，参赛设计效果图（款式图）是主题大赛服装设计的敲门砖，必须加以学习训练。

服装设计表现要重视六个方面的表现：一是大赛主题精神表达和传递（设计构思）；二是作品本身的主题意境展现；三是作品的创意和美感；四是作品的设计亮点及特点（形式美感和细节）；五是面料小样的选取，面料小样在初评占有一席之地；六是设计画面的总体构图布局，要求构图美观，布局合理（图8-1）。

图8-1　服装设计表现（设计者：Xiuwen Qiu，罗颖欣）

（四）服装设计要素的系列化应用

服装设计要素有款式造型要素、色彩与图案要素、面料工艺要素等。在确定服装设计作品主题的前提条件下，设计作品各要素必须统一组合搭配并结合形式美法则应用，在相互联系和相互制约的关系中构成服装的系列化设计。

1. 造型要素系列化应用

服装造型系列化应朝着由片面强调外轮廓线向内外分割的一体化转变；由强调单一的整体造型向整体与局部造型相结合的设计方向发展，最终呈现出服装外轮廓造型的多元化状态。也就是说，将服装主体造型与局部的细节设计相融合，在形式美法则的作用下产生造型各异的系列化服装。在具体设计中，当服装的外廓型相近时，可以在其局部的造型上进行变化，而当局部的细节设计相近时，也可以在服装的外廓型上进行整体处理，如图8-2所示。

图8-2　造型要素系列化应用（设计者：付美）

2. 色彩与图案要素系列化应用

色彩与图案要素在主题大赛服装系列设计应用中也尤为重要，服装系列色彩是形成视觉冲击力的关键因素。在主色调确定以后其他色彩呈递减的趋势，通过色彩组合位置的变化，色彩面积大小的变化，达到群体变化丰富的层次效果。色彩搭配可以采用同色系搭配、对比色搭配、中性色搭配等多种形式进行组合。

图案纹样是主题传递最直接的手段，但往往容易出现过于"直白"的效果，因而在运用图案纹样来进行设计时，应避免简单套用图案纹样，而要对图案纹样进行深加工和再设计，如图8-3所示。

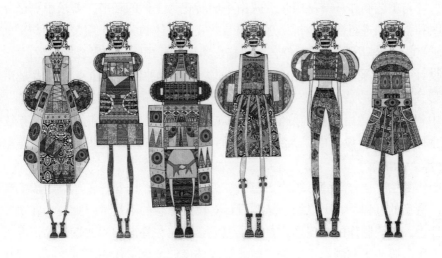

图8-3　色彩与图案要素系列化应用（设计者：梁宇）

3. 材料工艺要素系列化应用

材料是服装的物质载体，缺少材料任何优秀的设计思想都是"空中楼阁"。一般来说，主题大赛服装系列设计在材料的使用上一般不多于五种，通过不同质感、不同肌理的搭配，可以表现出不同的设计风格。材料系列化应用有三种方式：一是相同色彩的材料搭配，这是一种最容易搭配的方式，可以取得纯洁和统一的效果，在搭配中可充分利用不同肌理和质地的材料进行变化，轻柔到厚重，光滑到粗糙，将材料的特质表现得淋漓尽致；二是材料风格异同的搭配，同种面料不同色彩与图案、不同质感面料系列穿插都能形成系列感；三是对材料再造设计，为突出设计的独创性，对材料进行再造设计往往是主题大赛服装制胜的关键，如图8-4所示。

图8-4　材料工艺要素系列化应用

（五）结构设计与工艺制作

结构设计与工艺制作环节是服装款式由平面转化为立体的环节，要求根据已完成的服装设计效果图和款式图进行认真分析，理解服装款式与人体的关系、服装造型与平面结构的关系，认真研究款式造型所赋予服装的艺术风格，将设计思想转化为服装成品。

结构设计一般分平面造型与立体造型两种类型，两种各有侧重点。前者是运用服装二维空间和形式美法则的造型手段对服装款式进行设计分解，这种方式较为严谨，在服装的批量生产中得到广泛运用。后者是借助人模进行直接的立体造型和裁剪，具有较强的艺术个性。在主题大赛服装设计中，为突出作品的个性时尚与舞台效果，设计师通常采用两种方式相结合。

工艺制作是主要通过车缝、缉线、包边、打褶、镶嵌、绣花、蕾丝等手段实现服装平面结构到立体造型的过程。它可以结合结构设计对设计思想的不足进行弥补。在主题大赛系列的服装设计中，工艺制作的表现形式是指成组成套服装在外形相同或近似的情况下，工艺手法的统一应用。服装工艺制作水平对主题大赛服装设计的评定作用不可忽视，现在大赛评委都比较注重设计作品的制作工艺，在服装工艺细节方面下功夫，是非常值得推崇的，应当加以重视。

（六）服装配饰运用

要营造好的主题大赛系列服装设计效果，离不开服饰品的点缀和搭配，服饰品包括头饰、颈饰、胸饰、腰饰、腕饰、指饰、脚饰等。服饰品是服装设计作品中画龙点睛的部分，它能够使服装的外观视觉形象更加整体。在主题大赛系列服装设计中，服饰品可对变化相近的服装进行局部的装饰，用以弥补服装作品中的某些的不足，也可增加系列化服装的精致感和完整感，达到服饰风格统一的效果。但服饰品也不宜过多、过大，否则会喧宾夺主，要根据大赛的主题风格进行灵活运用。

（七）设计作品展示

主题大赛服装设计作品数量一般控制在3~5套，它们之间有平等、主从、复合等关系。这些关系的具体表现只能在服装作品的展示过程中得到体现，因此作品展示的环节也是设计师应关注并最终把握的环节。服装作品有静态展示和动态展示之分，在服装大赛中的作品展示更侧重于后者，也就是所谓的"服装表演"。服装表演是涉及服装、模特、场地、音响、灯光等方面的综合艺术，已完成的系列作品适合什么样的表演风格，模特组合怎样更好地体现设计主题意境，音乐、灯光等细节怎样诠释烘托作品氛围，这些部分设计师都必须做到心中有数。

四、主题大赛服装设计案例

（一）第26届"汉帛奖"中国国际青年设计师时装作品大赛（图8-5~图8-8）

图8-5　作品名称：LET THE CLAY DOGS BLOW（设计者：陈丹琪）

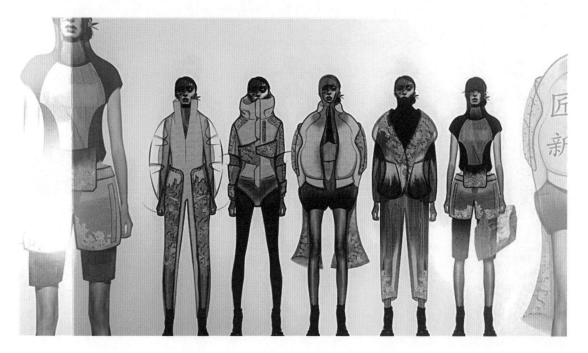

图8-6　作品名称：匠新（设计者：罗蒙萌）

图8-7　作品名称：章（设计者：杨镇源）

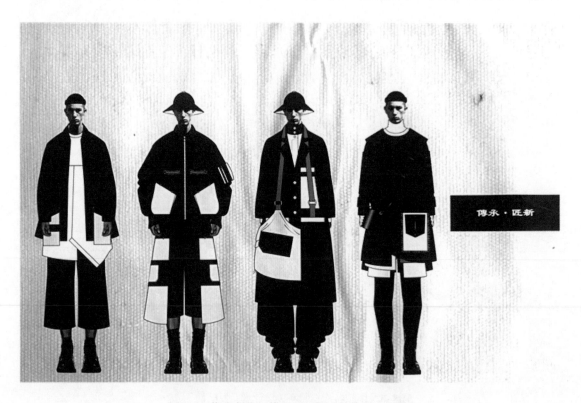

图8-8　作品名称：传承·匠新（设计者：李源）

（二）2017年中国（常熟）休闲装设计精英大奖赛入围作品（图8-9～图8-15）

图8-9　作品名称：INTERSTELLAR TRAVEL（设计者：包蕾）

尚坤源·2017第九届中国（常熟）休闲装设计精英大奖赛
ShangKunYuan, 2017 the ninth China grand prix (changshu) casual clothing design elite

图8-10　作品名称：融（设计者：曾成）

图8-11　作品名称：面具之下（设计者：程雅璇）

图8-12　作品名称：图腾（设计者：贺萌萌）

图8-13 作品名称：未城（设计者：胡悦）

图8-14 作品名称：KALOPSIA（设计者：袁丁）

图8-15　作品名称：实验室狂想（设计者：许小倩）

（三）第28届真维斯杯休闲装设计大赛总决赛入围作品（图8-16～图8-20）

图8-16　作品名称：墨舞（设计者：施懿龄）

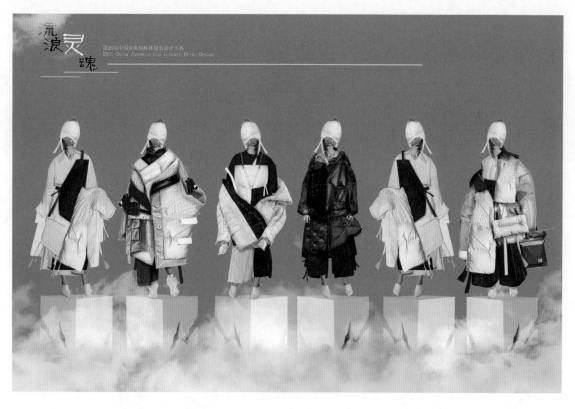

图8-17　作品名称：流浪灵魂（设计者：陈江燕、傅婉婷）

图8-18　作品名称：大象无形（设计者：候璎芷）

图8-19　作品名称：玄异（设计者：何树婷、孙志坤）

图8-20　作品名称：PROHIBITION OF KILLING（设计者：程雅楠）

（四）第19届"虎门杯"国际青年设计（女装）大赛入围作品（图8-21～图8-26）

图8-21　作品名称：GOD OF LOVE AND ANGEL（设计者：余嘉慧）

图8-22　作品名称：TO 90S（设计者：张琪慧）

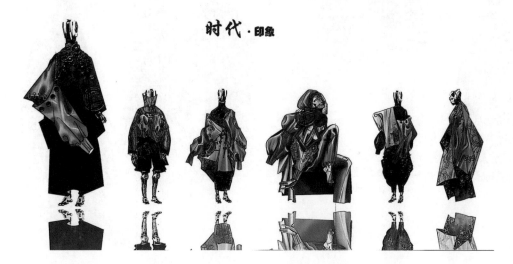

图8-23　作品名称：时代·印象（设计者：韦君）

图8-24　作品名称：迷失（设计者：刘晓谦）

图8-25　作品名称：浓墨重彩，粉黛登场（设计者：许燕清）

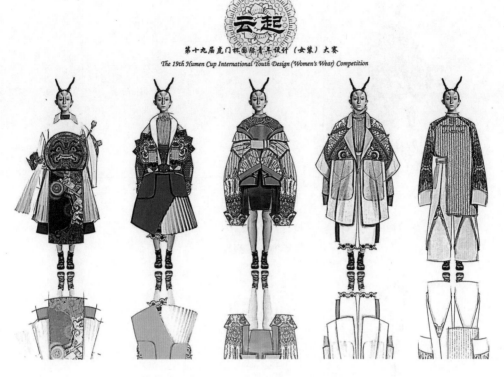

图8-26　作品名称：云起（设计者：黄静雯）

（五）第12届中国"大朗"毛织服装网上设计大赛铜奖作品（图8-27～图8-32）

图8-27　作品名称：织鲤（设计者：彭树楠）

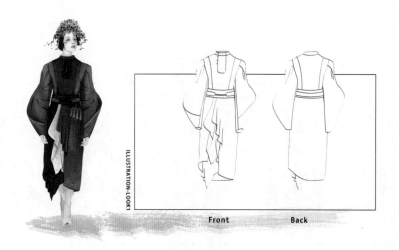

图8-28　织鲤款一

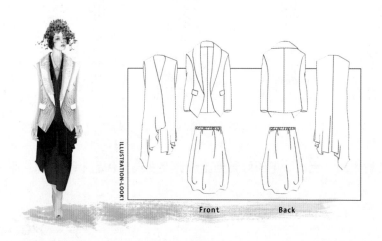

图8-29　织鲤款二

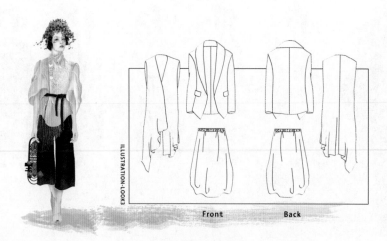

图8-30　织鲤款三

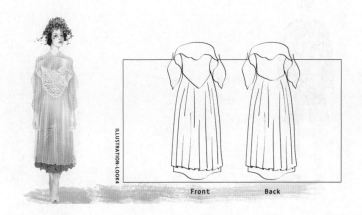

图8-31 织鲤款四

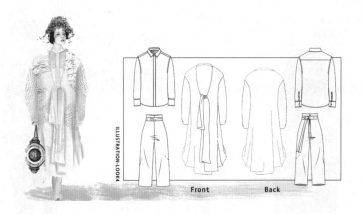

图8-32 织鲤款五

（六）第三届"园洲杯"全国休闲服装设计大赛银奖作品（图8-33~图8-36）

图8-33 作品名称：机械时代（设计者：彭树楠）

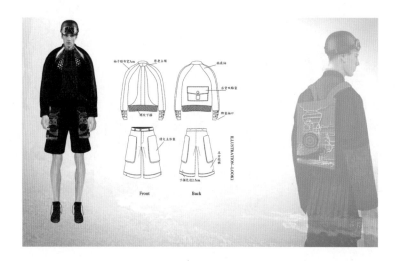

图8-34 机械时代款一

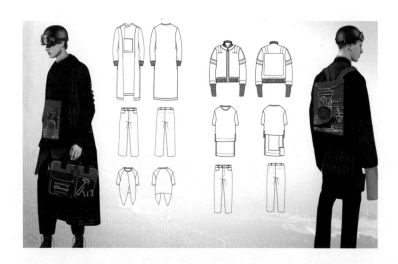

图8-35 机械时代款二、款三

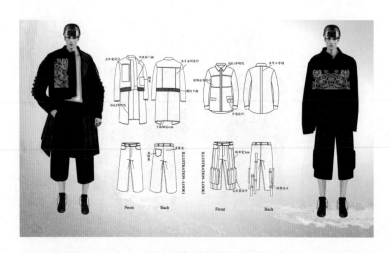

图8-36 机械时代款四、款五

（七）第一届顺德国际香云纱服装设计大赛入围作品（图8-37～图8-42）

图8-37　作品名称：秘艺相生（设计者：彭树楠）

图8-38　秘艺相生款一

图8-39　秘艺相生款二

图8-40　秘艺相生款三

图8-41　秘艺相生款四

五、项目实训

（一）实训项目任务及要求

1. 实训项目任务

（1）任务一：根据未来一段时间将要举办的国内某创意类服装设计大赛要求，设计一系列（5款以上）参赛服装。要求按照大赛主办方的要求，将服装设计稿绘制在规定大小的纸张内，并按照大赛主办方的各项要求备赛。

（2）任务二：根据未来一段时间将要举办的国内某实用类服装设计大赛要求，设计一系列（5款以上）参赛服装。要求按照大赛主办方的要求，将服装设计稿绘制在规定大小的纸张内，并按照大赛主办方的各项要求备赛。

2. 实训目的及要求

任务一主要通过创意类服装设计大赛项目实践，掌握创意类主题大赛服装设计的流程与方法，能够根据大赛主办方的要求准备参赛作品及资料，能独立完成大赛主题设计任务分析、参赛计划制订、设计调研、素材收集、构思草图、效果图与款式图表现、结构纸样设计、样衣制作、设计完善、服饰搭配、成衣展示等全过程的工作，能设计出体现大赛主题创意的系列服装。

任务二与任务一的主要区别在于实训项目任务二设计的服装偏重市场的应用价值，在设计时要更多考虑市场性的因素。

3. 学时计划

计划学时：8学时。

4. 实训条件

（1）硬件：计算机、图像设计软件、服装网站等。

（2）场室要求：网络、计算机、设计平台、服装纸样台、服装车缝设备等。

（二）实训项目任务指导

1. 设计分析

（1）分析大赛任务要求，制订参赛计划。

（2）分析大赛主题，确定设计主题思路及方向。

2. 设计调研

（1）针对流行趋势进行调研，包括流行的廓型、结构、色彩、图案、工艺、装饰手段等。

（2）针对服装市场进行调研，包括目标市场、服装风格、服装相关的文化等。

3. 素材收集

利用各种资讯渠道，收集大赛主题关联的各种素材，包括流行服装样式造型、色彩、材料、图案、工艺以及大赛主题相关联的设计素材。

4. 构思草图

利用创意设计思维方法，提取素材元素，对元素进一步拓展设计应用，绘制灵感构思草图。

5. 设计效果图、款式图

通过系列款式拓展设计，利用计算机设计软件绘制设计效果图、款式图。

6. 结构纸样设计

根据设计效果图与款式图造型比例，按照参赛模特尺寸（或大赛主办方提供的成衣号型）确定服装各部位尺寸，完成服装结构与纸样设计制作。

7. 样衣制作

根据服装结构纸样进行裁剪与工艺制作。

8. 设计完善

通过模特试衣发现问题，解决不合理的服装造型与结构，不断调整完善设计，最后完成成衣样品制作。

9. 服饰搭配

丰富设计内容，完成服饰搭配与整体风格的统一协调处理。

10. 展示陈列

包括模特发型与妆容设计、走秀音乐、灯光、辅助道具等。

（三）实训项目考核评价

1. 考核评价方式

教师评价和学生互评结合。本项目考核成绩计算方式：项目成绩=任务一成绩×50%+任务二成绩×50%

2. 考核评价标准

按照100分制计算，其中，任务总体完成情况占比40%，任务完成效果与质量占比60%。

考核评价表

实训项目任务	任务总体完成情况（40分）		任务完成效果与质量（60分）	
	任务时效	任务作业完整性	主题关联性	美观创意性
任务一	10分	30分	20分	40分
任务二	10分	30分	20分	40分

参考文献

［1］陈金怡，蔡阳勇．服装专题设计［M］．北京：北京大学出版社，2010．

［2］唐宇冰，李克兢，李彦．服装专题设计［M］．上海：上海交通大学出版社，2013．

［3］许崇岫，张吉升，孙汝洁．服装专题设计［M］．北京：化学工业出版社，2012．

［4］程杰铭，郑亮，刘艳．色彩原理与应用［M］．北京：印刷工业出版社，2014．

［5］黄元庆．服装色彩学［M］．北京：中国纺织出版社，2010．

［6］李莉婷．服装色彩设计［M］．北京：中国纺织出版社，2004．

［7］王惠娟．服装造型设计［M］．北京：化学工业出版社，2010．

［8］徐亚平，吴敬，崔荣荣．服装设计基础［M］上海：上海文化出版社，2010．

［9］於琳．服装造型设计的要素及造型规律［J］．南通工学院学报，2003．3（1）．

［10］陆珂琦，张炫夏．浅析服装廓形设计与实践［J］．艺术教育，2011（9）．

［11］段轩如．创意思维实训［M］．北京：清华大学出版社，2018．

［12］伍斌．设计思维与创意［M］．北京：北京大学出版社，2007．

［13］刘小君．服装材料［M］．北京：高等教育出版社，2016．

［14］吕航，赖秋劲．服装材料与应用［M］．北京：高等教育出版社，2014．

［15］吕波．服装材料创意设计［M］．长春：吉林美术出版社，2004．

［16］韩邦跃，孙金平．服饰图案［M］．北京：化学工业出版社，2009．

［17］胡艳丽．女装设计［M］．石家庄：河北美术出版社，2009．

［18］胡迅，须秋洁，陶宁，等．女装设计［M］．上海：上海东华大学出版社，2011．

［19］周文杰．男装设计艺术［M］．北京：化学工业出版社，2013．

［20］刘晓刚．童装设计［M］．上海：上海东华大学出版社，2008．

［21］叶淑芳，王铁众．女童装设计与制作［M］．北京：化学工业出版社，2017．

［22］徐东．服装毕业设计指导教程［M］．北京：中国纺织出版社，2004．

［23］张剑峰．服装专业毕业设计指导［M］．北京：中国纺织出版社，2011．

［24］欧阳心力．服装设计制作备赛指导（中职服装项目）［M］．北京：高等教育出版社，2010．